WERKSTATTBÜCHER

FÜR BETRIEBSBEAMTE, KONSTRUKTEURE U. FACHARBEITER
HERAUSGEGEBEN VON DR.-ING. H. HAAKE VDI

Jedes Heft 50—70 Seiten stark, mit zahlreichen Textabbildungen
Preis: RM 2.— oder, wenn vor dem 1. Juli 1931 erschienen, RM 1.80 (10% Notnachlaß)
Bei Bezug von wenigstens 25 beliebigen Heften je RM 1.50

Die Werkstattbücher behandeln das Gesamtgebiet der Werkstattstechnik in kurzen selbständigen Einzeldarstellungen; anerkannte Fachleute und tüchtige Praktiker bieten hier das Beste aus ihrem Arbeitsfeld, um ihre Fachgenossen schnell und gründlich in die Betriebspraxis einzuführen.

Die Werkstattbücher stehen wissenschaftlich und betriebstechnisch auf der Höhe, sind dabei aber im besten Sinne gemeinverständlich, so daß alle im Betrieb und auch im Büro Tätigen, vom vorwärtsstrebenden Facharbeiter bis zum leitenden Ingenieur, Nutzen aus ihnen ziehen können.

Indem die Sammlung so den Einzelnen zu fördern sucht, wird sie dem Betrieb als Ganzem nutzen und damit auch der deutschen technischen Arbeit im Wettbewerb der Völker.

Einteilung der bisher erschienenen Hefte nach Fachgebieten

(Fortsetzung 3. Umschlagseite)

WERKSTATTBÜCHER
FÜR BETRIEBSBEAMTE, KONSTRUKTEURE UND FACH-
ARBEITER. HERAUSGEBER DR.-ING. H. HAAKE VDI
HEFT 55

Stufengetriebe
an Werkzeugmaschinen

mit kreisender Hauptbewegung

Von

Dipl.-Ing. Hans Rögnitz VDI

Baurat an der Ingenieurschule Beuth der Reichshauptstadt Berlin

Zweite, neubearbeitete Auflage
des zuerst unter dem Titel
„Die Getriebe der Werkzeugmaschinen"
erschienenen Heftes

(6. bis 11. Tausend)

Mit 122 Abbildungen und
15 Tabellen im Text

Springer-Verlag Berlin Heidelberg GmbH
1944

ISBN 978-3-662-41737-9   ISBN 978-3-662-41878-9 (eBook)
DOI 10.1007/978-3-662-41878-9

Inhaltsverzeichnis.

Schrifttumsverzeichnis.

(1) SCHÖPKE-WALLICHS, Getriebeberechnung unter besonderer Berücksichtigung der Drehzahlnormung, Berlin 1936.

(2) GERMAR, Getriebe für Normdrehzahlen, Berlin 1932.

(3) AWF-Getriebeblätter 624/625, Räderwechselgetriebe.

(4) AWF-Getriebeblatt 615, Reibgetriebe.

(5) AWF-Blätter 150, 151 Riemenberechnung, Spannrollentriebe.

Weitere Schrifttumsangaben befinden sich im Text.

I. Begriffe.

1. Die Arbeitsbewegungen der Werkzeugmaschinen sollen das Werkzeug und das Werkstück in die Arbeitsstellungen bringen und die Zerspanung oder Verformung ermöglichen. Man unterscheidet die

a) Hauptbewegung, die die Zerspanung oder Verformung bewirkt. Die Hauptbewegung ist entweder kreisend, z. B. an Drehbänken, Bohrmaschinen, Walzen, oder geradlinig, bei Hobel-, Stoß-, Räummaschinen, Stanzen, Pressen usw.

b) Vorschub- oder Schaltbewegung, die das Werkzeug oder Werkstück bei der Bearbeitung zustellt. Bei kreisender Hauptbewegung arbeitet die Vorschubbewegung meist stetig, wie beim Drehen, Bohren, Fräsen, bei geradliniger Hauptbewegung dagegen ruckweise, wie beim Hobeln, Stanzen, Stoßen.

c) Einstellbewegungen, um das Werkstück oder Werkzeug in die Arbeitslage zu bringen, wie Span anstellen beim Drehen.

2. Kreisende Bewegungen werden durch den Drehsinn und die Drehzahl gekennzeichnet. Die Drehung im Sinne des Uhrzeigers wird als rechtsläufig, positiv (mit $+$) bezeichnet, die entgegengesetzte als linksdrehend, negativ (mit $-$). Um zu bestimmen, ob eine Drehung positiv oder negativ gerichtet ist, sieht man bei Hauptbewegungen auf das Abtriebsende der Spindel; die Drehbankspindel ist demnach linksläufig, ebenso die Bohrmaschinenspindel.

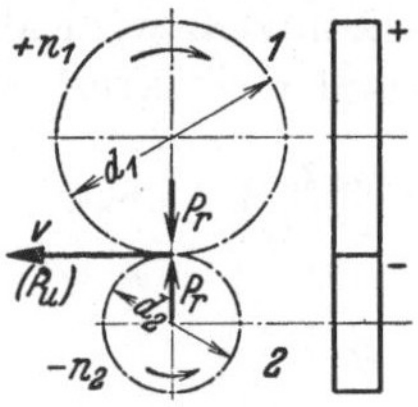

Die Drehzahl n wird in Umdrehungen je Minute gerechnet (U/min). Ist d_1 in mm der Durchmesser einer Scheibe 1, die sich mit n_1 U/min dreht, so wird die Umfangsgeschwindigkeit dieser Scheibe

$$v_1 = \frac{d_1 \pi n_1}{1000} \text{ m/min} = \frac{d_1 \pi n_1}{1000 \cdot 60} \text{ m/s}. \tag{1}$$

Abb. 1. Scheibe 1 treibt Scheibe 2.

Werden nun zwei Scheiben 1 und 2 (Abb. 1) mit den Durchmessern d_1 und d_2 aneinandergepreßt, wobei die Drehbewegung der treibenden Scheibe 1 ohne Verlust auf die Scheibe 2 übertragen werde, so müssen an der Berührungsstelle die Umfangsgeschwindigkeiten gleich groß sein, also $v_1 = v_2 = d_1 \pi n_1/1000 = d_2 \pi n_2/1000$; $d_1 n_1 = d_2 n_2$. Daraus ergibt sich nach DIN 868 das Übersetzungsverhältnis

$$i = n_1/n_2 = d_2/d_1 \tag{2}$$

d. h. i ist das Verhältnis der treibenden zur getriebenen Drehzahl, also das Verhältnis der Umdrehungen in Richtung der Kraftübertragung, zugleich aber das Verhältnis des getriebenen zum treibenden Durchmesser. Statt des Durchmessers setzt man bei Zahnradübersetzungen meist die Zähnezahlen z ein und erhält $i = z_2/z_1$, oder, wenn die Zähnezahlen, wie bei Wechselrädern für Vorschubgetriebe üblich, in Richtung der Kraftübertragung genannt werden,

$$u = 1/i = z_1/z_2 = d_1/d_2 \tag{3}$$

Diesen Wert, den Kehrwert des Übersetzungsverhältnisses i, bezeichnet man[1] als „Räderverhältnis" oder bei Reibtrieben und Riementrieben als „Durchmesser-" oder „Scheibenverhältnis".

Ein anderes Maß für die Drehbewegung ist die Winkelgeschwindigkeit ω. Sie bedeutet den in der Zeiteinheit durchlaufenen Winkel (gemessen im Bogenmaß auf dem Kreise mit dem Halbmesser 1). Die Winkelgeschwindigkeit ω ist also gleich der Umfangsgeschwindigkeit einer Scheibe mit dem Durchmesser 2, d. h.

$$\omega = \frac{2\pi n}{60} = \frac{\pi n}{30} \text{ s}^{-1}. \tag{4}$$

---

[1] Vgl. Werkstattbücher Heft 4 „Wechselräderberechnung", Heft 6 „Teilkopfarbeiten", Heft 63 „Der Dreher als Rechner".

Folglich verhalten sich die Umfangsgeschwindigkeiten wie die Drehzahlen, und das Übersetzungsverhältnis wird demnach auch

$$i = \omega_1/\omega_2. \tag{5}$$

Schließlich wird die Zeit für eine Umdrehung:

$$T = \frac{1}{n} \text{ min bzw. } \frac{60}{n} \text{ s oder } \frac{\pi}{30\,\omega} \text{ min bzw. } \frac{2\,\pi}{\omega} \text{ s.} \tag{6}$$

1. Beispiel. Eine Scheibe mit $d = 400$ mm macht $n = 300$ U/min. Wie groß ist die Winkel- und Umfangsgeschwindigkeit und die Umlaufzeit?

Lösung: Nach (4) wird $\omega = \pi\,300/30 = 31,4\,s^{-1}$; nach (1) $v = 400\,\pi\,300/1000 \cdot 60$ $= 6,28$ m/s; nach (6) $T = 60/300 = 0,2$ s.

3. Leistung und Drehmoment. In die Werkzeugmaschinen wird eine Leistung N_1 eingeleitet, die in PS oder kW gemessen wird. Ist N_1 die Leistung im Antrieb, N_2 die Leistung im Abtrieb, so wird

$$N_2 = \eta\,N_1. \tag{7}$$

η ist der Wirkungsgrad des Getriebes, eine Zahl kleiner als 1, da ein Teil der hineingeleiteten Leistung durch Reibung im Getriebe verloren geht. Leistung ist Kraft mal Geschwindigkeit, also (v in m/s)

$$N_{PS} = \frac{P\,v}{75} = \frac{P\,2\,r\,\pi\,n}{1000 \cdot 60 \cdot 75} \text{ oder } N_{kW} = \frac{P\,v}{102} = \frac{P\,2\,r\,\pi\,n}{1000 \cdot 60 \cdot 102}. \tag{8}$$

Demnach wird also auch $P\,2\,r_1\,\pi\,n_1 = P\,2\,r_2\,\pi\,n_2$. $P\,r$ ist das Moment M (Kraft mal Hebelarm). Setzt man diesen Wert ein, so erhält man ohne Berücksichtigung der Verluste: $M_1\,n_1 = M_2\,n_2$. Folglich

$$i = \frac{M_2}{M_1} = \frac{n_1}{n_2}. \tag{9}$$

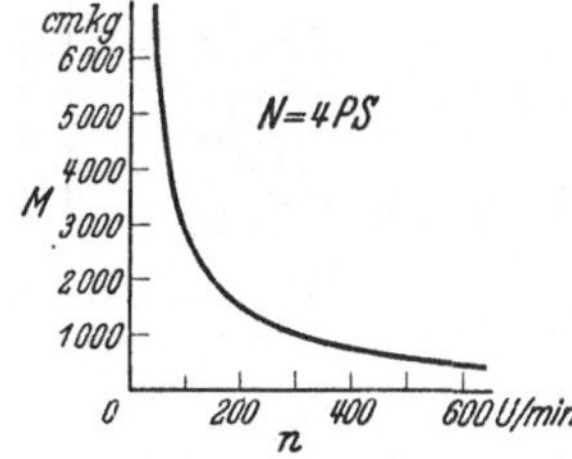

Abb. 2. Drehmoment abhängig von der Drehzahl, Leistung konstant.

Die Übersetzung i ist also auch das Verhältnis des getriebenen zum treibenden Moment. Das Moment hat im folgenden stets die Einheit kgcm oder cmkg. Aus einer gegebenen Leistung N errechnet sich das Moment nach (8) zu:

$$M = 71\,620\,\frac{N}{n}\ (N \text{ in PS}) \text{ oder } M = 97\,400\,\frac{N}{n}\ (N \text{ in kW}). \tag{10}$$

Abb. 2 zeigt die gegenseitige Abhängigkeit von Moment und Drehzahl. Je höher die Drehzahlen liegen, um so kleiner sind bei gleicher Leistung die zu übertragenden Momente, um so kleiner und leichter werden also auch die Abmessungen der Getriebe.

II. Drehzahlstufung an Werkzeugmaschinen.

A. Hauptbewegungen.

4. Notwendigkeit des Drehzahlbereiches. Bei den spanabhebenden Werkzeugmaschinen mit kreisender Hauptbewegung dreht sich entweder das Werkstück, wie an der Drehbank, oder das Werkzeug, wie bei der Fräsmaschine. Bezeichnet v die Schnittgeschwindigkeit in m/min, d den Durchmesser des kreisenden Teiles in mm, so ist nach (1) die Drehzahl $n = 1000\,v/d\,\pi$ (U/min). v und d sind bekanntlich in weiten Grenzen veränderlich, deshalb muß der Antrieb so ausgebildet werden, daß man die Drehzahl innerhalb bestimmter Grenzen einstellen kann, um die Werkzeugmaschine wirtschaftlich auszunutzen. Die Grenzen kann man festlegen, indem man eine größte Schnittgeschwindigkeit v_{max} und eine kleinste v_{min} wählt, während die Durchmesser d durch die Größe der Maschine bestimmt werden. Dann wird

$$n_{max} = \frac{1000\,v_{max}}{d_{min} \cdot \pi} \text{ und } n_{min} = \frac{1000\,v_{min}}{d_{max} \cdot \pi}. \tag{11}$$

Man bezeichnet das Verhältnis dieser Grenzdrehzahlen als Drehzahlbereich R, also
$$R = n_{max}/n_{min}. \tag{12}$$
Innerhalb dieses Bereiches müßten möglichst viele, vielleicht sogar alle Drehzahlen einstellbar sein.

5. Begrenzung des Drehzahlbereiches. Nimmt man als Beispiel eine Drehbank an und wählt die möglichen Grenzwerte für die wirtschaftliche Schnittgeschwindigkeit, die sich einerseits aus Drehen von Gußeisen mit Werkzeugstahl und andererseits aus Schlichten von Leichtmetall mit Hartmetall ergeben, so verhält sich hier v_{min} zu v_{max} schon wie etwa 1:300. Außerdem ist der Drehdurchmesser wohl nach oben durch die Spitzenhöhe, nicht aber nach unten begrenzt. Damit ergäben sich für die Drehzahlen Grenzwerte, die man nicht verwirklichen kann. Für den Durchmesser gilt bei Drehbänken, daß der kleinste wirtschaftlich zu bearbeitende Durchmesser etwa $^1/_{10}$ des größten Durchmessers beträgt. Auch bei den Schnittgeschwindigkeiten verzichtet man darauf, auf jeder Drehbank alle Grenzwerte einstellen zu können, und baut für solche Fälle Sonderdrehbänke, wie z. B. für Leichtmetallbearbeitung usf. Oder man ordnet vor dem eigentlichen Wechselgetriebe besondere Räder an, die sich leicht umstecken lassen, wodurch man dann den Drehzahlbereich des Getriebes höher oder tiefer legen kann, ohne ihn zu vergrößern (siehe Beispiel 16). Bei anderen Maschinen liegen die Verhältnisse günstiger, sei es, daß die Schnittgeschwindigkeiten eng begrenzt sind — z. B. Räumen — oder die Durchmesser nicht so schwanken — z. B. Räderfräsmaschinen. Hier kann dann der Drehzahlbereich durch ein einfaches Getriebe überbrückt werden (siehe Tabelle 4).

2. Beispiel. Eine Drehbank hat eine Spitzenhöhe von 200 mm, eine kleinste Spindeldrehzahl $n_1 = 13,5$ und eine größte $n_g = 630$ U/min. a) Mit welcher kleinsten Schnittgeschwindigkeit kann man den größten Drehdurchmesser von 400 mm bearbeiten? b) Mit welchem kleinsten Durchmesser kann man eine Stahlwelle bei $v = 45$ m/min schlichten? c) Wie groß ist der Drehzahlbereich der Drehbank?

Lösung: Für a) folgt aus (1) $v = 400\,\pi\,13,5/1000 = 17$ m/min. Für b) wird $d = 1000 \cdot 45/(\pi\,630) \approx 23$ mm. c) Der Drehzahlbereich der Maschine wäre $R = 630:13,5 = 46,5$, dies entspricht nach der Tabelle 4 den bei Drehbänken üblichen Werten. Es wäre also unwirtschaftlich, auf dieser Bank Leichtmetallwellen mit 25 $\varnothing$ zu schlichten, da dann die Schnittgeschwindigkeit etwa bei 200 m/min liegen müßte. Hierfür ist aber keine genügend hohe Drehzahl vorhanden.

6. Drehzahlreihen. Wenn innerhalb des festgelegten Bereiches jede Drehzahl einstellbar sein soll, dann müßte das Hauptgetriebe aus der Antriebsdrehzahl der Maschine eine stufenlose Reihe von Spindeldrehzahlen erzeugen. Diese Aufgabe erfüllen die „stufenlosen Getriebe", über deren Aufbau ein besonderes Werkstattbuch unterrichtet. Weitaus die Mehrzahl aller Werkzeugmaschinen wird jedoch mit „Stufengetrieben" ausgerüstet, bei denen nur eine Reihe von Drehzahlen erzeugt wird. Die Gründe hierfür sind: Geringerer Preis, größerer Bereich, bei entsprechenden Einrichtungen auch schnelleres Schalten. Und vor allem: Die Schnittgeschwindigkeit, die mit der genau eingestellten Drehzahl getroffen werden soll, hängt von den verschiedensten Einflüssen ab, so daß es gar nicht möglich ist, hier einen genauen Bestwert anzugeben. Um aber einen Richtwert einzuhalten, genügt für den praktischen Betrieb meist eine gestufte Drehzahlreihe, vorausgesetzt, daß der Abstand der Drehzahlen nicht zu groß ist.

Den Abstand der Drehzahlen bezeichnet man als **Stufung.** Er steht im engen Zusammenhang mit der Stufenzahl. Sind der Regelbereich und damit die kleinste Drehzahl n_1 und die größte n_g gegeben, so wird die Stufung um so feiner, je mehr Zwischendrehzahlen eingefügt werden. Eine größere Anzahl von Zwischendrehzahlen erfordert aber größere und teurere Getriebe. Andererseits darf aber auch die Stufung nicht zu grob werden. Wird nämlich bei einer Drehzahl n, also mit einer Schnittgeschwindigkeit v, gearbeitet, und geht man auf die nächstniedrigere

Drehzahl über, wobei sonst die Verhältnisse unverändert bleiben sollen, so beträgt die Schnittgeschwindigkeit nur noch v_1. Der Abfall der Schnittgeschwindigkeit ist dann $v—v_1$ oder als Verhältnis ausgedrückt $(v—v_1)/v$ bzw. $(v—v_1)\,100/v$ in %. Um die Maschinen und Werkzeuge gut auszunutzen, muß der prozentuale Schnittgeschwindigkeitsabfall klein sein und über den ganzen Drehzahlbereich gleich groß bleiben.

7. Ausführung der Stufung. Bei den Hauptgetrieben werden die Drehzahlen fast ausschließlich nach einer geometrischen Reihe gestuft. Die geometrische Reihe wird nach dem Gesetz gebildet: n_1; $n_2 = n_1\,\varphi$; $n_3 = n_2\,\varphi = n_1\,\varphi^2$; $n_4 = n_3\,\varphi = n_1\varphi^3$ oder allgemein:

$$n_g = n_{g-1}\,\varphi = n_1\,\varphi^{g-1}, \tag{13}$$

wenn g die Gliedzahl darstellt. Man bezeichnet φ als den Stufensprung oder Quotienten der Reihe, der sich nach der Gleichung 13 errechnet zu

$$\varphi = \sqrt[g-1]{\frac{n_g}{n_1}}. \tag{14}$$

Die geometrische Reihe entsteht also durch Multiplikation eines Gliedes mit einem Stufensprung; Beispiel: $g = 5$, $n_1 = 20$; $\varphi = 2$. Es wird: $n_1 = 20$; $n_2 = 20 \cdot 2 = 40$; $n_3 = 20 \cdot 2^2$ oder $40 \cdot 2 = 80 \ldots n_g = 20 \cdot 2^4 = 320$. Statt das Produkt aus der Drehzahl und dem Stufensprung zu bilden, kann man auch ihre Logarithmen addieren und man erhält: $\lg n_2 = \lg n_1 + \lg \varphi$; $\lg n_3 = \lg n_2 + \lg \varphi = \lg n_1 + 2 \lg \varphi \ldots$ Trägt man die Drehzahlen einer geometrischen Reihe auf einer

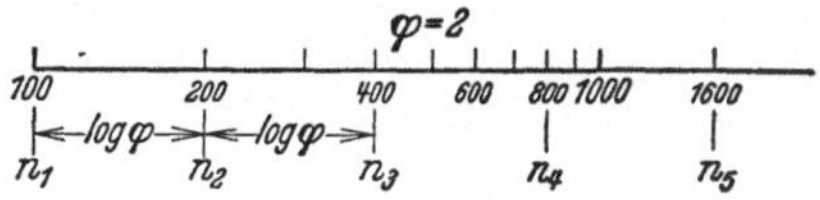

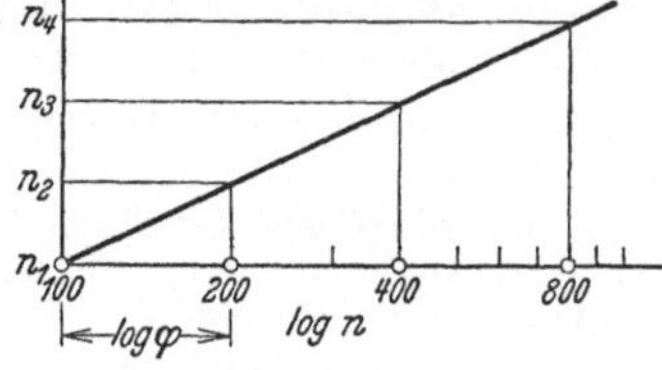

Abb. 3. Logarithmische Leiter mit geometrischer Reihe.

Abb. 4. Nachprüfung, ob Drehzahlen geometrisch gestuft sind.

mit einer logarithmischen Teilung versehenen Leiter ab, so haben die Drehzahlen die gleichen Abstände (Abb. 3). Man kann diese Eigenschaft der geometrischen Reihe zur Prüfung benutzen: In Abb. 4 werden die Drehzahlen auf der Senkrechten in gleichen Abständen und auf der Waagerechten mit logarithmischer Teilung abgetragen. Die Drehzahlen müssen nun alle auf einer Geraden liegen.

Zwei Vorteile der geometrischen Reihe führten zu ihrer fast ausschließlichen Verwendung:

a) Die Drehzahlen lassen sich beim Aufbau der Getriebe durch Vervielfältigung erzeugen. Sollen z. B. die mit $\varphi = 2$ gestuften Drehzahlen 100—200—400—800 erreicht werden, so kann man aus 800 und 400 durch eine Übersetzung 4 die Drehzahlen 200 und 100 erhalten oder auch aus 800 und 200 mittels einer Übersetzung 2 die Drehzahlen 400 und 100, was für den Aufbau der Getriebe sehr wesentlich wird.

b) Die geometrisch gestuften Drehzahlen erzeugen gleichen Schnittgeschwindigkeitsabfall beim Übergang von Drehzahl zu Drehzahl.

Den Zusammenhang zwischen Schnittgeschwindigkeit v, Durchmesser d und Drehzahl n zeigt das Sägenschaubild. Man trägt hierbei (Abb. 5, 6, 7) auf der Waagerechten den Werkstückdurchmesser d in mm und auf der Senkrechten die Schnittgeschwindigkeit v in m/min auf. Aus (1) errechnet sich dann $d = 1000v/\pi n$ (Zum Eintragen der Drehzahlen vereinfacht man die Rechenarbeit dadurch, daß man für v ein Vielfaches von π wählt, z. B. $v = 10\,\pi$; dann wird die Gleichung $d = 1000 \cdot 10\,\pi/\pi\,n = 10000/n$). Man erhält nun die Lage der n-Geraden, indem man nacheinander in diese Gleichung die Werte für n einsetzt und den zu $v = 10\pi$ $= 31,4$ zugehörigen Wert für d berechnet.

In den Abb. 5 und 6 sind zwei Drehzahlreihen gegenübergestellt, um die Vorteile der geometrischen Reihe anschaulich zu zeigen: In Abb. 6 eine geometrische, in Abb. 5 dagegen eine arithmetische Reihe.

3. Beispiel. Die kleinste Drehzahl einer 8stufigen Reihe sei $n_1 = 20$, die größte $n_g = n_8$ $= 510$ U/min. Die Reihe soll arithmetisch und geometrisch aufgeteilt und im Sägendiagramm dargestellt werden.

Lösung. Bei der arithmetischen Reihe erhält man die Drehzahlen nach dem Gesetz: n_1; $n_2 = n_1 + a$; $n_3 = n_2 + a$ $= n_1 + 2a \ldots n_y = n_g - 1 + a = n_1 + (g-1)a$, wenn g die Gangzahl oder die Zahl der Glieder bedeutet. Der Stufensprung a errechnet sich aus der Gleichung für n_g zu $a = (n_g - n_1)/(g-1)$. Hier wird demnach $a = (510 - 20)/7 = 70$ und n_1 $= 20$; $n_2 = 90$; $n_3 = 160$; $n_4 = 230$; $n_5 = 300$; $n_6 = 370$; $n_7 = 440$; $n_8 = 510$. Bei $d = 10\,000/n$ wird nun $d_1 = 10\,000/20$ $= 500$; $d_2 = 10\,000/90 = 111 \ldots d_3 = 62,5$; $d_4 = 43,5$; $d_5 = 33,3$; $d_6 = 27$; $d_7 = 22,7$; $d_8 = 19,6$. Durch die Punkte $d_1 = 500$ und $v = 31,4$ geht die Gerade für n_1 durch $d_2 = 111$ und $v = 31,4$ die Gerade für n_2 usf. (Abb. 5).

Bei der geometrischen Reihe wird nach (14) $\varphi = \sqrt[7]{510/20} = 1,588$. Demnach: $n_1 = 20$: $n_2 = 31,78$; $n_3 = 50,4$; $n_4 = 80,1$; $n_5 = 127$; $n_6 = 202,6$; $n_7 = 321$; $n_8 = 510$. Ferner wird: $d_1 = 500$; $d_2 = 315$; $d_3 = 198,5$; $d_4 = 125$; $d_5 = 78,8$; $d_6 = 49,5$; $d_7 = 31,1$; $d_8 = 19,6$ (Abb. 6).

Zieht man nun von dem Schnittpunkt der n-Geraden mit einer Waagerechten z. B. $v = 40$ immer die Senkrechten bis zur nächsten n-Geraden, so erhält man den Schnittgeschwindigkeitsabfall, der also entstände, wenn man bei dem gleichen Werkstückdurchmesser von einer

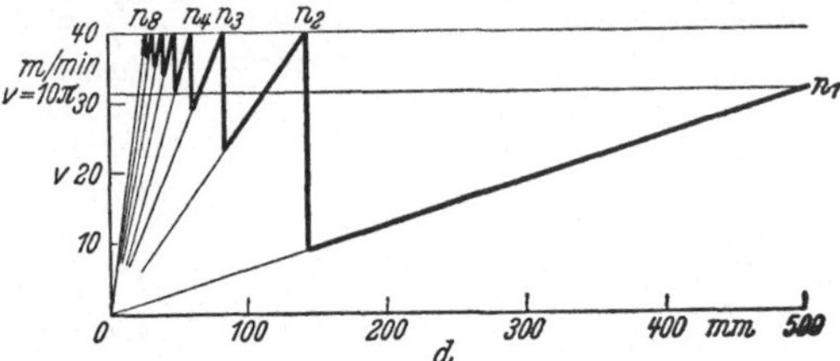

Abb. 5. Sägenschaubild bei Stufung nach arithmetischer Reihe.

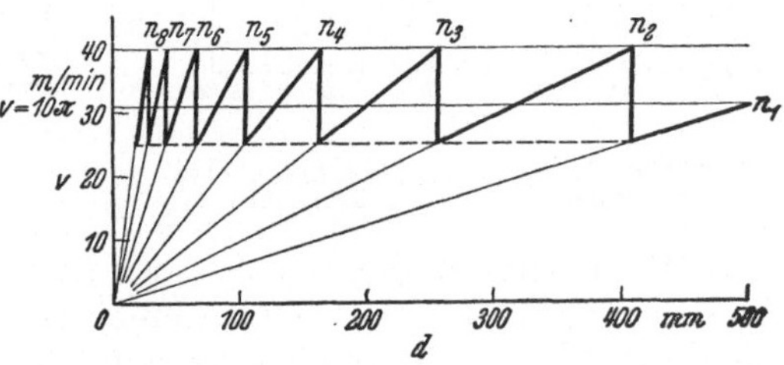

Abb. 6. Sägenschaubild bei Stufung nach geometrischer Reihe.

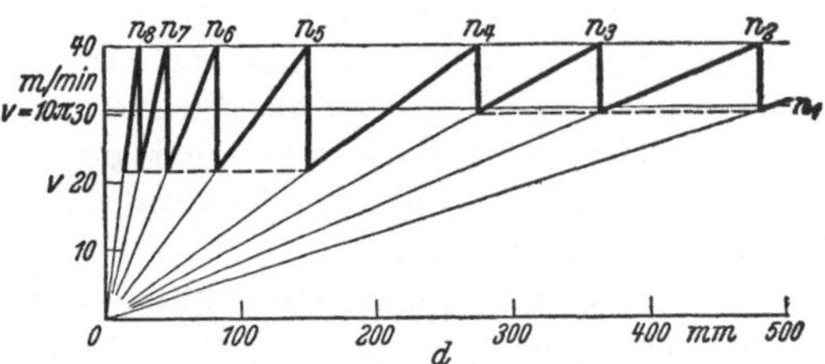

Abb. 7. Sägenschaubild bei Stufung nach geometrischer Auswahlreihe.

Drehzahl auf die nächst niedrigere überginge. Bei der arithmetischen Reihe ist dieser Abfall sehr verschieden — bei den höheren Drehzahlen klein und bei den niedrigeren groß — bei der geometrischen Reihe dagegen ist er immer gleich groß. Da hier $v = \varphi\,v_1$ ist, so wird der Abfall auch $(v - v_1)/v = (\varphi\,v_1 - v_1)/(\varphi\,v_1) = (\varphi - 1)/\varphi$; er ist also nur abhängig von dem Stufensprung φ. Verbindet man die Fußpunkte der Senkrechten, so liegen sie alle auf einer waagerechten Geraden (Nachprüfung!)·

Stellt man die geometrische Reihe in einem Netz mit logarithmischer Teilung dar, so erhält man für die n-Geraden statt eines Geradenbüschels parallele Geraden. Das Kennzeichen der geometrischen Reihe ist dann hier, daß der Abstand der Geraden immer der gleiche sein muß (Abb. 8[1]).

---

[1] Das Aufzeichnen des Liniennetzes für logarithmische Schaubilder kann man sich in manchen Fällen erleichtern, wenn man als Koordinaten die Normungszahlen wählt. Da diese geometrisch gestuft sind, erhält man dann ein Liniennetz mit gleichen Strichabständen, d. h. man kann gewöhnliches mm-Papier verwenden. Vgl. auch KIENZLE, Die Normungszahlen und ihre Verwendung, Z. VDI 83 (1939), S. 717.

Die Tatsache, daß bei der geometrischen Reihe für die kleinen Durchmesser, also für die höheren Drehzahlen eine Häufung auftritt, führte zu den Vorschlägen einer **geometrischen Auswahlreihe**, bei der zwei Stufensprünge gewählt werden, φ_1 für die kleinen Drehzahlen und $\varphi_2 = \varphi^2_1$ für die größeren. Bei dem vorstehenden Beispiel mit $n_1 = 20$ und $n_8 = 510$ würde dann, wenn die vier höheren Drehzahlen $n_5 \ldots n_8$ mit φ_2, die Drehzahlen $n_1 \ldots n_4$ mit φ_1 gestuft werden, $n_8 = n_1\,\varphi_1^{8+3} = n_1\,\varphi_1{}^{11}$ und demnach $\varphi_1 = \sqrt[11]{510/20} = 1{,}342$; $\varphi_2 = \varphi^2_1 = 1{,}802$. Die Reihe lautete: $n_1 = 20$; $n_2 = 26{,}9$; $n_3 = 36{,}2$; $n_4 = 48{,}6$; $n_5 = 87{,}6$; $n_6 = 157$; $n_7 = 283$;

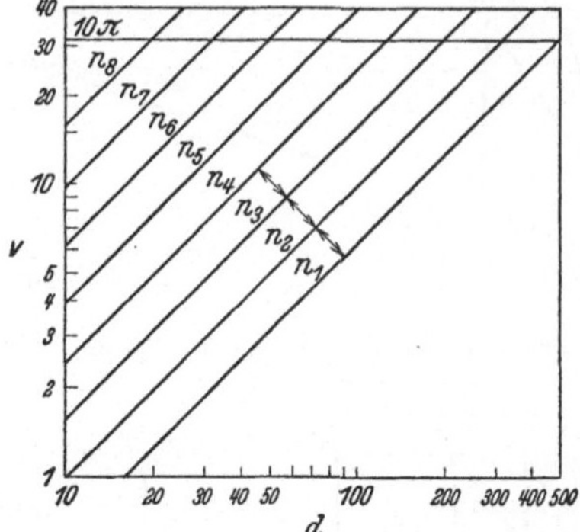

$n_8 = 510$. In Abb. 9 sind diese Drehzahlen auf einer logarithmischen Leiter aufgetragen, um die Entstehung dieser Reihe zu verdeutlichen (s. a. Beispiel 20). Aus den Drehzahlen werden wieder die Durchmesser errechnet, und man erhält dann das Sägenschaubild Abb. 7.

Nach Gleichung 12 war der Drehzahlbereich $R = n_g : n_1$. Da bei der geometrisch gestuften Reihe $n_g = n_1\,\varphi^{g-1}$ ist, wird hier

$$R = n_1\,\varphi^{g-1}/n_1 = \varphi^{g-1}. \qquad (15)$$

Abb. 8. Logarithmisches Sägenschaubild bei Stufung nach geometrischer Reihe.   Abb. 9. Entstehung der geometrischen Auswahlreihe.

8. Drehzahlnormung. Nach der ISA-Empfehlung[1] sind die Drehzahlen und Stufensprünge der Werkzeugmaschinen genormt. Die Normdrehzahlen nach ISA sind Vollastdrehzahlen und gerundete Werte nach den Grundreihen (DIN 323). Gegenüber den Genauwerten nach DIN 323 können die Istdrehzahlen an der Maschine eine Toleranz von $+4{,}5$ bis -2% haben. Weiterhin sind auch die Leerlaufdrehzahlen der Elektromotoren mit 250, 300, 375, 500, 600, 750, 1000, 1500, 2000, 3000 festgelegt. Durch die Normung der Drehzahlen und Stufensprünge wird für die Herstellung der Werkzeugmaschinen, den Betrieb, die Arbeitsvorbereitung wie die Stückzeitbestimmung eine Vereinfachung erreicht, die sich naturgemäß erst dann voll auswirken kann, wenn in den Betrieben nur noch Maschinen mit genormten Drehzahlen laufen.

Wie ein Blick auf die Tabelle 1 zeigt, sind die Normreihen aus den Grundreihen R 40 bzw. R 20 entstanden. Die Verwandtschaft der Reihen ist durch die Beziehungen der Stufensprünge gegeben (siehe Tabelle 2). Bei der Reihe R 20/2 ist jedes zweite, bei der Reihe R 20/4 jedes vierte Glied der Grundreihe gewählt, bei den Reihen R 20/3 und R 20/6 jedes dritte bzw. jedes sechste Glied. Ihre Stufensprünge sind $\varphi = 1{,}4 \approx \sqrt{2}$ und $\varphi = 2$. Da aber $1{,}25 \approx \sqrt[3]{2}$ ist, so ist damit ein weiterer Zusammenhang zu den anderen Reihen gegeben. Die Wahl der Stufensprünge $\sqrt[3]{2}$ und $\sqrt{2}$ war besonders wichtig, weil dadurch die Möglichkeit gegeben ist, auch die Drehzahlreihen polumschaltbarer Drehstrommotoren in die Normung einzubeziehen (siehe Abschnitt 48).

Die beiden Stufensprünge 1,25 und 1,4 sind in den Getrieben der ausgeführten Maschinen am häufigsten zu finden, da sie bei einem kleinen Schnittgeschwindigkeitsabfall von 20 bzw. 30% und einer nicht zu großen Reihe von Drehzahlen doch einen ausreichenden Drehzahlbereich überbrücken (siehe auch Tabelle 2).

Tabelle 1. Lastdrehzahlen und Stufensprünge nach ISA.

φ=1,12 R 20 Grundreihe	φ=1,25 R 20/2 (…2800…) Hauptreihe	φ=1,6 R 20/4 (…1400…)	φ=1,6 R 20/4 (…2800…)	φ=1,4 R 20/3 (…2800…)				φ=2 R 20/6 (…2800…)			
100							1000				
112	112		112		11,2				11,2		
125						125					
140	140	140					1400				1400
160					16						
180	180		180			180				180	
200							2000				
224	224	224			22,4				22,4		
250						250					
280	280		280	2,8			2800	2,8			2800
315					31,5						
355	355	355				355				355	
400				4							
450	450		450		45				45		
500						500					
560	560	560		5,6				5,6			
630					63						
710	710		710			710				710	
800				8							
900	900	900			90				90		
1000											

<table>
<tr><td colspan="4" align="center">Erweiterung durch Teilen oder
Vervielfachen mit 10</td><td colspan="8" align="center">Erweiterung durch Teilen oder
Vervielfachen mit 1000</td></tr>
</table>

Tabelle 2. Zusammenhang der Stufensprünge und Schnittgeschwindigkeitsabfall.

φ =	1,06	1,12	1,25	1,4	1,6	2
Als Wurzel ausgedrückt	$\sqrt[40]{10}$	$\sqrt[20]{10}$	$\sqrt[10]{10}$ $\sqrt[3]{2}$	$\sqrt{2}$	$\sqrt[5]{10}$	$(\sqrt{2})^2$
Abfall A	$\approx 5\%$	$\approx 10\%$	$\approx 20\%$	$\approx 30\%$	$\approx 40\%$	$\approx 50\%$
φ^2	1,12	1,26	1,59	2	2,51	4
φ^3	1,19	1,41	2,0	2,83	3,98	8
φ^4	1,26	1,59	2,51	4	6,31	16

Ein großer Teil der Werkzeugmaschinen in den Betrieben läuft mit Drehzahlen, die noch nach den „VDW-Richtwerten" gestuft sind. (VDW = Verband Deutscher Werkzeugmaschinenfabrikanten, jetzt Fachgruppe Werkzeugmaschinen.) Die Stufensprünge sind die gleichen wie bei der ISA-Reihe. Grundreihe ist auch R 40, aus der jedoch die Reihen mit dem Gliede …3000… ausgewählt wurden (siehe Tabelle 3). Im Gegensatz zu den Normdrehzahlen sind jedoch die VDW-Richtwerte Leerlaufdrehzahlen. Da nun die Drehzahlen der Drehstrommotoren, die vorwiegend zum Antrieb eingebaut werden, unter Last bis 6% abfallen und auch der Riemenschlupf die Drehzahlen der Maschinen vermindert, so wird aus 3000 etwa 2800 usf., so daß die Werte unter Last nahezu übereinstimmen.

B. Vorschubbewegungen.

9. Bedingungen für die Stufung. Da die Güte der Oberfläche hauptsächlich von der Größe des Vorschubes abhängt, ferner die Leistung der Maschine wie des Werkzeuges nur auszunutzen ist, wenn der jeweils größtmögliche Vorschub eingestellt werden kann, so müssen auch mehrere Vorschübe zur Wahl stehen. Es ist hierbei ohne Bedeutung, ob — wie bei der Drehbank — der Vorschub s von

Tabelle 3. Richtwerte für Leerlaufdrehzahlen nach VDW.

Reihe mit $\varphi =$					Reihe mit $\varphi =$					Reihe mit $\varphi =$				
1,12	1,26	1,58	1,41	2	1,12	1,26	1,58	1,41	2	1,12	1,26	1,58	1,41	2
11,8	11,8	11,8	11,8	11,8	118	118	118			1180	1180	1180		
13,2					132			132		1320				
15	15				150	150				1500	1500		1500	1500
17			17		170					1700				
19	19	19			190	190	190	190	190	1900	1900	1900		
21					210					2100			2100	
23,5	23,5		23,5	23,5	235	235				2350	2350			
26,5					265			265		2650				
30	30	30			300	300	300			3000	3000	3000	3000	3000
33,5			33,5		335					3350				
37,5	37,5				375	375		375	375	3750	3750			
42					420					4200			4200	
47,5	47,5	47,5	47,5	47,5	475	475	475			4750	4750	4750		
53					530			530		5300				
60	60				600	600				6000	6000		6000	6000
67			67		670					6700				
75	75	75			750	750	750	750	750	7500	7500	7500		
85					850					8500			8500	
95	95		95	95	950	950				9500	9500			
105					1050			1050		10500				

Reihen 1,12; 1,26; 1,58 können durch Vervielfältigen oder Teilen mit 10, 100 usf. erweitert werden; die abgedruckten Reihen mit $\varphi=1,41$ und $\varphi=2$ jedoch nur durch Teilen bzw. Vervielfältigen mit 1000.

dem Hauptgetriebe abgenommen wird und daher die Einheit mm/U führt oder ob er — wie bei der Fräsmaschine — als Vorschubgeschwindigkeit s' in mm/min gemessen wird. Die Grenzen der Vorschubbereiche werden durch die besonderen Bedingungen für die Zerspanung bei den einzelnen Verfahren bestimmt. Eine Übersicht zeigt Tabelle 4.

Tabelle 4. Mittelwerte für die Ausbildung der Werkzeugmaschinenantriebe.

Maschinen mittlerer Größe u. Leistung	Hauptantrieb			Vorschub		
	Antriebsleistung (kW) Faustformel	Drehzahlbereich R_{Ma}	Stufenzahl	Drehzahlbereich	Stufenzahl	Werte mm/U
Drehbänke	$\frac{1}{100}$ × Spitzenhöhe (mm)	40...60	12...18	10...35	4...36	0,1...3
Revolverbänke	$\frac{1}{10}$ × Spindelbohrung (mm)	20...60	12...18	12...30	6...12	0,1...2
Bohrmaschinen	$\frac{1}{10}$ × gr. Lochdurchmesser ... (mm)	8...12	6...9	10...20	3...9	0,05...0,1
Schwerkbohrmaschinen	$\frac{1}{10}$ × gr. Lochdurchmesser ... (mm)	20...70	12...24	12...25	6...12	0,1...1,8
Fräsmaschinen (Waag- u. Senkr.)	$\frac{1}{100}$ × Tischfläche (cm²)	20...30	8...12	30...50	8...16	6...500 mm/min
Bohr- u. Fräswerke	$\frac{1}{20}$ × Bohrspindeldurchmesser ... (mm)	25...100	12...18	50...250	8...24	0,02...4
Stoßmaschinen	$\frac{1}{100}$ × Hub ...... (mm)	8...12	3...6	15...40	4...8	0,1...3

Für die Stückzeitberechnung hat der Vorschub die gleiche Bedeutung wie die Hauptdrehzahl, da die Maschinenzeit T aus der Gleichung $T = L/s' = L/(s\,n)$ (min), $L =$ Arbeitslänge in mm, ermittelt wird (siehe auch Abschnitt 50). Es ist daher wichtig, auch den Vorschub nicht zu grob zu stufen, da sonst der durch die Leistung oder Oberflächengüte bedingte Übergang von einem Vorschub zu dem nächst niedrigeren zu großen Zeitverlusten führen würde. Es gelten also hier für den Vorschub die gleichen Überlegungen wie für den Schnittgeschwindigkeitsabfall bei dem Hauptantrieb.

Nun haben die Vorschubgetriebe an einigen Werkzeugmaschinen, insbesondere an den Drehbänken, noch die weitere Aufgabe, daß man die verschiedenen Steigungen für das Schneiden der genormten Gewinde einstellen kann. Leider sind die Steigungen der Gewinde nicht geometrisch gestuft. Es läßt sich daher für diese Getriebe die geometrische Stufung nur schwer mit der durch die Gewindesteigungen gegebenen Stufung in Einklang bringen und dieser historisch begründete „Fehler" in der Normung zwingt zum Bau umfangreicher und teurer Getriebe (s. a. Beispiel 19).

10. Ausführung der Vorschubstufung und Normung. An den Maschinen findet man Vorschubstufungen nach der geometrischen Reihe, nach der arithmetischen Reihe und auch solche, bei denen eine Gesetzmäßigkeit nicht nachzuweisen ist. Untersuchungen[1] zeigen, daß die Vorschubgetriebe für eine geometrische Stufung günstigere Abmessungen erhalten und daß man auch mit kleinen Wechselrädersätzen geometrische Stufungen erzeugen kann. Es liegt daher nahe, auch für die Vorschübe die geometrische Stufung zu bevorzugen. In diesem Sinne hat die ISA entschieden, indem sie für die Vorschübe eine geometrische Stufung mit den Sprüngen 1,12—1,25—1,4—1,6—2 empfiehlt, wobei z. Z. noch nicht festliegt, ob die abgeleiteten Reihen R 20 (wie bei den Hauptdrehzahlen R 20/2, R 20/3 usf.) oder die Reihen R 20, R 10, R 5 gewählt werden. Reihen R 20, R 10, R 5 hätten den Vorteil, daß sie die Vorschübe 0,01—0,1—1 und mehr Gewindesteigungen enthalten. Beispiel 19 zeigt die Ausführung einer Stufung nach R 20. Die Einführung der Normreihen und Normstufen führt dann auch zwangsläufig zu Normübersetzungen und schließlich zu Wechselrädern, deren Zähnezahlen wieder Normungszahlen sind.

Für die Stückzeitermittlung würde die restlose Angleichung der Vorschubreihen an die Hauptdrehzahlreihen noch folgende Vorteile bringen: Wird auf Grund der vorgegebenen Schnittgeschwindigkeit die Drehzahl errechnet, so wird der Arbeitsverteiler die nächst niedrigere Drehzahl wählen, wenn die errechnete Drehzahl nicht vorhanden ist. Ist z. B. die Drehzahl 250 errechnet, aber die Drehzahlreihe nach R 20/2 mit 1,25 gestuft, so ist die nächstniedrigere Drehzahl 224. Damit würde die Laufzeit um $250/224 \approx 1{,}12$ länger als vorgesehen. Wenn die Vorschubreihe nunmehr mit diesem kleinen Sprung aufgebaut ist, so kann durch Wahl des nächstgrößeren Vorschubes der Unterschied wieder ausgeglichen werden. Daher sollte der Sprung der Vorschubreihe $\varphi_s = \sqrt{\varphi}$ sein, worin φ den Sprung für die Spindeldrehzahlen bedeutet.

III. Riemen- und Kettentriebe.

A. Aufbau der Riementriebe.

11. Stufenscheibengetriebe. Bei den einfachen Riementrieben bleibt der Drehsinn erhalten. Soll er geändert werden, muß der Riemen gekreuzt aufgelegt werden. Häufig werden die Maschinen über ein Deckenvorgelege angetrieben: Zweifacher

---

[1] IRTENKAUF, Vorschubnormung bei den spanabhebenden Werkzeugmaschinen, Werkstattstechnik 1939, S. 25.

Trieb (Abb. 10). Stufenscheiben besitzen mehrere verschieden große Durchmesser, auf die der Riemen wahlweise umgelegt werden kann, wodurch dann die Übersetzung geändert wird. Bedingung ist aber, daß der Riemen bei allen Lagen die gleiche Spannung behält. Das wird erreicht bei Achsabständen $A > 10 \ (d_g{-}d_k)$, wenn für alle Riemenlagen die Summe der gegenüberliegenden Durchmesser gleich bleibt. Für Abb. 11 besteht demnach die „Summengleichung" $S = d_1 + d_2 = d_3 + d_4 = d_5 + d_6$. Die Durchmesser können durchweg verschieden ausgeführt werden, meist baut man aber die Stufenscheiben gleich, so daß in Abb. 11 $d_1 = d_6$, $d_3 = d_4$ und $d_5 = d_2$ wird. Mit den einfachen Stufenscheiben können bis etwa fünf verschiedene Drehzahlen erzeugt werden. Werden mehr Stufen verlangt, so erhöht man nicht die Zahl der Durchmesser, sondern vervielfacht die Drehzahlen durch ein Vorgelege.

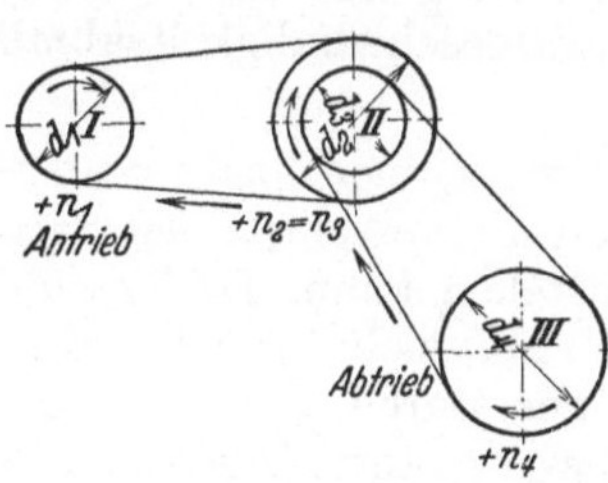

Abb. 10. Zweifacher Riementrieb.

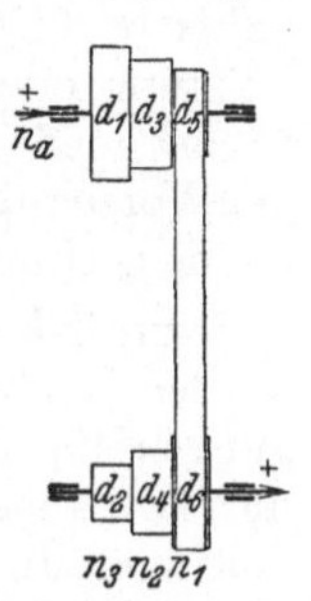

Abb. 11. Antrieb durch Stufenscheibe.

12. Erweiterung der Stufenscheibentriebe durch Vorgelege.

In Abb. 12 liegen zwischen der Transmission mit der Drehzahl n_a und dem Deckenvorgelege 2 Riemen, die durch Schalten der Kupplung wahlweise die Vorgelegewelle mit den Drehzahlen n'_1 oder n'_2 antreiben. Vom Vorgelege zur Maschine kann man durch Riemenumlegen auf der Stufenscheibe 3 Drehzahlen erzeugen, so daß insgesamt $2 \cdot 3 = 6$ Drehzahlen zur Verfügung stehen.

Gebräuchlicher ist die Erweiterung der Drehzahlreihe durch ein Rädervorgelege (Abbildung 13). Die Stufenscheibe sitzt hier lose auf der Welle und trägt das Rad 1. Bei Linksschaltung der Kupplung geht der Antrieb von der Stufenscheibe auf die Welle I und kann durch Umlegen des Riemens 4 verschiedene Drehzahlen liefern. Schaltet man aber die Kupplung nach rechts, so geht der Antrieb von der Stufenscheibe über die Räder 1/2 auf die Vorgelegewelle II und über Räder 3/4 und die Kupplung auf Welle I. Hierdurch erhält man weitere 4 Drehzahlen. Es entstehen

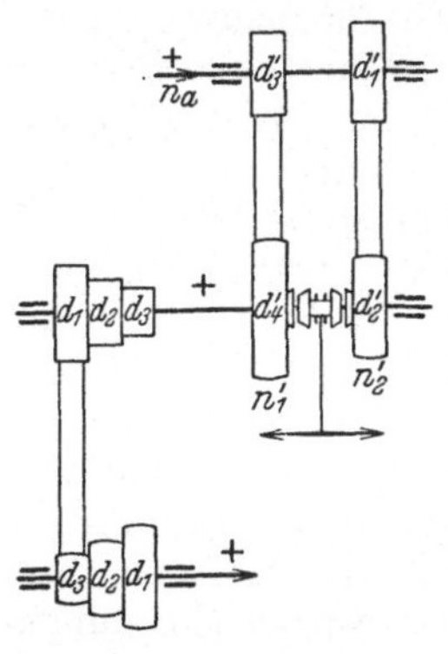

Abb. 12. Stufenscheibentrieb mit zwei Drehzahlen im Deckenvorgelege.

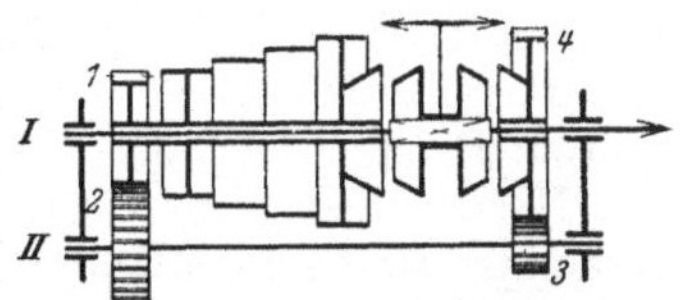

Abb. 13. Stufenscheibe mit einfachem Rädervorgelege.

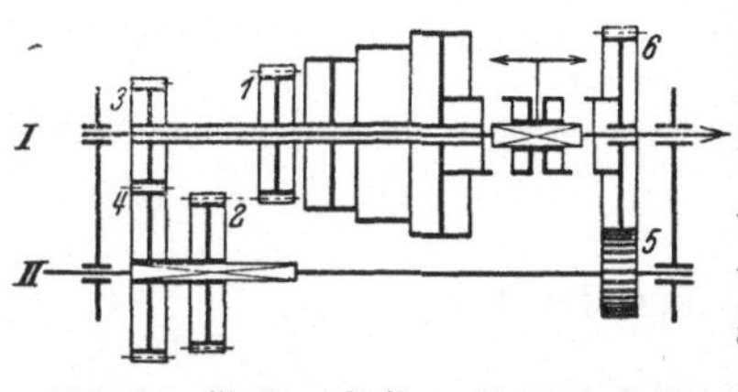

Abb. 14. Stufenscheibe mit doppeltem Rädervorgelege.

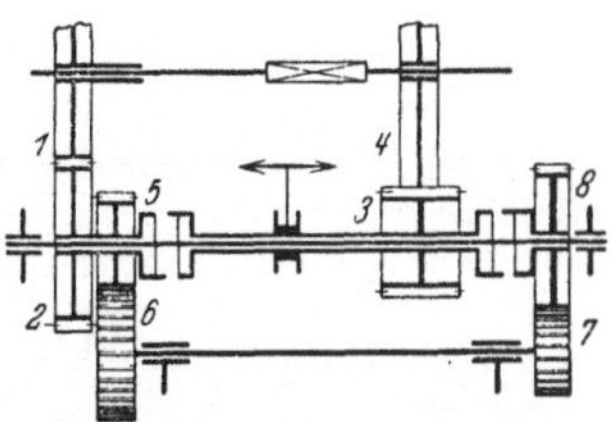

Abb. 15. Stufenscheibe mit doppeltem Rädervorgelege für größere Übersetzungen.

also insgesamt $2 \cdot 4 = 8$ Drehzahlen, von denen die höheren 4 Drehzahlen n_8, n_7, n_6, n_5 durch unmittelbare Übertragung und die vier niedrigeren Drehzahlen n_4, n_3, n_2, n_1 durch das Vorgelege erzeugt werden. Diese Gesamtübersetzung des Vorgeleges muß auf die Räderpaare z_1/z_2 und z_3/z_4 aufgeteilt werden.

Statt des einfachen kann auch ein doppeltes Vorgelege eingebaut werden, um so die Drehzahlreihe nochmals zu erweitern (Abb. 14). Hier werden insgesamt $3 \cdot 3 = 9$ Drehzahlen erzeugt, und zwar:

n_9—n_8—n_7 durch Kupplung links: Stufenscheibe-Kupplung-Welle I,

n_6—n_5—n_4 „   „   rechts: Stufenscheibe-z_1/z_2, z_5/z_6-Kupplung-Welle I,

n_3—n_2—n_1 „   „   „   Stufenscheibe-z_3/z_4, z_5/z_6-Kupplung-Welle I.

Bei größeren Übersetzungen im Vorgelege werden die Räder hintereinander angeordnet (Abb. 15). Hier entstehen die Drehzahlen $n_9...n_7$ unmittelbar, $n_6...n_4$ über Räder 1—2—3—4, schließlich $n_3...n_1$ über die Räder 1-2—5—6—7—8—3—4. Rad 3 ist breiter ausgeführt, so daß es beim Verschieben der Hülse immer im Eingriff bleibt.

B. Drehzahlverhältnisse.

13. Drehzahlen bei einfachen Stufentrieben. Sind die gewünschten Enddrehzahlen auf Welle II n_1, n_2, n_3 und die Antriebsdrehzahl auf Welle I n_a, so bestehen für die Durchmesser die Gleichungen nach (2):

$$\frac{d_1}{d_2} = \frac{n_3}{n_a}; \quad \frac{d_3}{d_4} = \frac{n_2}{n_a}; \quad \frac{d_5}{d_6} = \frac{n_1}{n_a}.$$

Um nun die Durchmesser zu berechnen, muß ein Durchmesser angenommen werden. Meist ist der größte oder der kleinste Durchmesser auf der Maschine durch bauliche Bedingungen festgelegt. Ist z. B. d_6 gegeben, so wird demnach $d_5 = d_6\, n_1/n_a$. Für die Durchmesser d_3 und d_4 bestehen jetzt die zwei Gleichungen: $d_3/d_4 = n_2/n_a$ und $d_3 + d_4 = d_5 + d_6 = S$. Aus der ersten wird $d_3 = d_4\, n_2/n_a$ eingesetzt in die zweite: $d_4 (1 + n_2/n_a) = S$; $d_4 = S/(1 + n_2/n_a)$. Nach Berechnung von d_4 wird dann $d_3 = S{-}d_4$. Entsprechend wird $d_2 = S/(1 + n_3/n_a)$ und $d_1 = S{-}d_2$.

Diese Berechnung gilt allgemein für alle Stufungsarten. Bei gleichen Durchmessern ist man in der Wahl der Antriebsdrehzahl gebunden: Da $d_3 = d_4$ werden soll, muß $n_a = n_2$ werden. Für derartige Scheiben nehmen dann die Gleichungen folgende Formen an: $S = d_1 + d_3 = d_2 + d_2 = 2\,d_2 = d_1 + d_3$ und $d_3/d_1 = n_1/n_a$; $d_2/d_2 = n_2/n_a = 1/1$; $d_1/d_3 = n_3/n_a$. Ist die Abstufung der Enddrehzahlen geometrisch; also $n_2 = n_1\,\varphi$; $n_3 = n_1\,\varphi^2$, so wird durch Einsetzen in obige Gleichung: $d_3/d_1 = n_1/n_a$; $d_1/d_3 = n_1\,\varphi^2/n_a$. Die Division beider Gleichungen ergibt:

$$\frac{d_3}{d_1} \cdot \frac{d_3}{d_1} = \frac{n_1}{n_a} \cdot \frac{n_a}{n_1\,\varphi^2};$$

$d_3^2/d_1^2 = 1/\varphi^2$; $d_3/d_1 \doteq 1/\varphi$ und umgekehrt auch: $d_1/d_3 = \varphi/1$.

Führt man diese Rechnung auch für die 2-, 4-, 5stufige Scheibe durch, so erhält man die Gleichungen für die Übersetzungen, wie sie in Tabelle 5 angeführt sind. Sie gelten aber nur dann, wenn die Stufenscheiben gleiche Abmessungen haben und die Enddrehzahlen geometrisch gestuft sind.

Bei geometrischer Stufung wird innerhalb des Bereiches 1:3 bis 3:1 der Unterschied zwischen benachbarten Durchmessern praktisch gleich, also in Abb. 11 d_1—$d_3 = d_3$—d_5, d. h. die Durchmesser sind arithmetisch gestuft.

14. Drehzahlen bei Stufenscheiben mit Vorgelegen. In Abb. 13 wandelt das Rädervorgelege die Drehzahl n_8 in n_4, n_7 in n_3, n_6 in n_2, n_5 in n_1. Bei geometrischer Stufung ist aber z. B. $n_5 = n_1\,\varphi^4$, also verhält sich $n_5:n_1 = n_1\,\varphi^4:n_1 = \varphi^4$ und man erhält für die Zähnezahlen $(z_1\,z_3)/(z_2\,z_4) = 1/\varphi^4$.

Bei dem doppelten Vorgelege (Abb. 14) wurde aus n_7 einmal n_4 und einmal n_1. Da $n_7 = n_1\,\varphi^6$ und $n_4 = n_1\,\varphi^3$, so folgt für die Räder

$$\frac{z_1}{z_2} \cdot \frac{z_5}{z_6} = \frac{n_4}{n_7} = \frac{n_1 \cdot \varphi^3}{n_1 \cdot \varphi^6} = \frac{1}{\varphi^3} \text{ oder allgemein } \frac{1}{\varphi^{g_1}},$$

für die Räder $\quad \dfrac{z_3}{z_4} \cdot \dfrac{z_5}{z_6} = \dfrac{n_1}{n_7} = \dfrac{n_1}{n_1 \cdot \varphi^6} = \dfrac{1}{\varphi^6}$ oder allgemein $\dfrac{1}{\varphi^{2g_1}}.$

Durch Dividieren erhält man

$$\left(\frac{z_1}{z_2}\cdot\frac{z_5}{z_6}\right):\left(\frac{z_3}{z_4}\cdot\frac{z_5}{z_6}\right)=\frac{1}{\varphi^3}:\frac{1}{\varphi^6},$$

also $z_1/z_2:z_3/z_4=\varphi^3$. Wählt man einen der drei Brüche z_1/z_2, z_3/z_4, z_5/z_6, so liegen die übrigen fest. Sind die Übersetzungen sehr groß, so ist eine Anordnung nach Abb. 15 oft günstiger. Hier wird

$$\frac{z_1}{z_2}\cdot\frac{z_3}{z_4}=\frac{1}{\varphi^{g_1}}\ \text{ und }\ \frac{z_1}{z_2}\cdot\frac{z_5}{z_6}\cdot\frac{z_7}{z_8}\cdot\frac{z_3}{z_4}=\frac{1}{\varphi^{2g_1}}\ \text{ oder }\ \frac{z_5}{z_6}\cdot\frac{z_7}{z_8}=\frac{1}{\varphi^{g_1}}.$$

Siehe auch Tabelle 5.

Tabelle 5. Übersetzungen bei Stufenscheibengetrieben
mit gleichen Scheibenabmessungen.

Treibend (Vorgelege)	d_1 d_2	d_1 d_2 d_3	d_1 d_2 d_3 d_4
Getrieben (Maschine)	d_2 d_1	d_3 d_2 d_1	d_4 d_3 d_2 d_1
i	$1/\sqrt{\varphi}\quad\sqrt{\varphi}$	$1/\varphi\quad 1\quad\varphi$	$1/\sqrt{\varphi^3}\ \ 1/\sqrt{\varphi}\ \ \sqrt{\varphi}\ \ \sqrt{\varphi^3}$
$n_a=$	$n_2/\sqrt{\varphi}$	n_3/φ	$n_4/\sqrt{\varphi^3}$

Vorgelege—Übersetzungen					
Abb. 13	i_v		φ^2	φ^3	φ^4
Abb. 14	i_{v_1} (1-2-5-6)		φ^2	φ^3	φ^4
	i_{v_2} (3-4-5-6)		φ^4	φ^6	φ^8
Abb. 15	i_{v_1} (1-2-3-4)		φ^2	φ^3	φ^4
	i_{v_2} (5-6-7-8)		φ^2	φ^3	φ^4

4. Beispiel. Für eine Werkzeugmaschine soll ein Antrieb mit 12 Drehzahlen berechnet werden (Stufenscheibe mit 4 Stufen und doppeltes Vorgelege). Die höchste Drehzahl ist $n_{12}=710$ U/min; $\varphi=1{,}41$. Größter Scheibendurchmesser auf der Maschine 300. Die Scheiben auf der Maschine und dem Deckenvorgelege seien gleich groß.

Lösung. Die Drehzahlen sind der Normenreihe zu entnehmen. Nach Tabelle 5 wird $d_1:d_4=\sqrt{\varphi^3}/1=1{,}68$, also $d_4=300/1{,}68=178$ mm. Demnach wird $S=300+178=478$ mm. Außerdem folgt a) $d_2:d_3=\sqrt{\varphi}=1{,}19$; b) $d_2+d_3=478$. Gleichung a) ergibt $d_2=1{,}19$, d_3 eingesetzt in b) $2{,}19\,d_3=478$. $d_3=218$ und $d_2=478-218=260$ mm. Die Drehzahl des Deckenvorgeleges n_a kann nun bestimmt werden aus $d_1:d_4=n_{12}:n_a$ zu $n_a=710\cdot1{,}78/300\approx420$ U/min.

Für die Berechnung der Vorgelege ergibt sich aus Tabelle 5 für das erste Vorgelege eine Übersetzung $\varphi^4=4$ und für das zweite Vorgelege $\varphi^8=16$. Bei einer Anordnung nach Abb. 14 würde $z_1/z_2:z_3/z_4=\varphi^4=4$ werden. Baulich ist diese Lösung ungeeignet. Um die Zahnsumme z_3+z_4 möglichst klein zu halten, muß bei der geforderten Übersetzung i = 4 das Rad 3 auch sehr klein gewählt werden, was aber des großen Spindeldurchmessers wegen nicht möglich ist. Man wählt daher zweckmäßiger eine Ausführung nach Abb. 15, bei der zwei Vorgelege hintereinandergeschaltet sind. Hierbei muß dann sein:

$$\text{a) }\frac{z_1}{z_2}\frac{z_3}{z_4}=\frac{1}{\varphi^4}=\frac{1}{4}\ \text{ und b) }\frac{z_1}{z_2}\frac{z_5}{z_6}\frac{z_7}{z_8}\frac{z_3}{z_4}=\frac{1}{\varphi^8}=\frac{1}{16}.$$

Wird $z_1/z_2=1$ gewählt, so wird $z_3/z_4=1/4$. Nach Einsetzen dieser Werte in Gleichung b) erhält man: $z_5/z_6\cdot z_7/z_8=1/4$. Da hier Rad 8 nicht zu groß werden darf (sonst stößt es an die Spindel!), so kann für diese Räder eine Aufteilung gewählt werden wie $z_5/z_6=1/1{,}6$ und $z_7/z_8=1/2{,}5$ oder auch $z_5/z_6=z_7/z_8=1/2$ usf.

C. Leistungsverhältnisse.

15. Leistung der Flachriemen. Lederriemen. Sind für die Berechnung der Flachriemen Drehzahlen n, Scheibendurchmesser d und Leistung N (PS) gegeben, so folgt die Riemenbreite b (cm) aus

$$b = 75\, N/(s\, k_n\, v) \tag{16}$$

Hierin ist s die Riemenstärke (in cm einsetzen!), v die Umfangsgeschwindigkeit (m/s), k_n die Nutzspannung (kg/cm^2). Übliche Riemenstärken sind bei Lederriemen 0,4...0,6 cm für einfache, und 0,8...0,10 cm für doppelte Riemen. Die Nutzspannung ist zu ermitteln (nach AWF, Schrifttum Nr. 5) aus

$$k_n = 18,5 + 0,6\,v - 0,016\,v^2 - 300\,s/d_k \ \ (\text{kg/cm}^2). \tag{17}$$

Sie erreicht ihren Höchstwert bei $v = 15...20$ m/s und gilt nur für einen Umschlingungswinkel von $\beta = 180^0$. Für je 10^0 Umschlingungswinkel weniger sind 3% abzuziehen. Den Umschlingungswinkel der kleineren Scheibe errechnet man aus

$$\cos \beta/2 = (d_g - d_k)/(2\,A), \tag{18}$$

worin d_g der größere, d_k der kleinere Scheibendurchmesser und A der Achsabstand ist. Der Umschlingungswinkel der größeren Scheibe ist $\alpha = 360^0 - \beta$.

Eine weitere Voraussetzung für k_n nach Gleichung (17) ist, daß Riemen der (besten) Klasse RAL III[1] gewählt werden, die mit einer höchstzulässigen Gesamtbeanspruchung von 33 kg/cm^2 belastet werden können. RAL Klasse III **muß** gewählt werden, wenn die Riemengeschwindigkeit $v \geqq 24$ m/s. Außerdem empfiehlt sich ihre Wahl bei kleinen Scheibendurchmessern, wie sie im Werkzeugmaschinenbau üblich sind. Verwendet man Riemen der Klasse II, so ist die gefundene Breite um 14%, bei Riemen der Klasse I um 32% zu vergrößern. (Riemenklasse I nur zulässig bei $v \leqq 12$ m/s).

Nach GRÜNDER[2] kann man bei Ledertriebriemen für die Nutzspannung k_n in Gleichung (16) die Werte der Tabelle 6 einsetzen. Die Untersuchungen von GRÜNDER berücksichtigen gerade die kleineren Umfangsgeschwindigkeiten und Scheiben der Werkzeugmaschinen.

Tabelle 6. Zulässige Nutzspannungen für 4 mm starke Lederriemen nach Gründer.

Riemengeschwindigkeit v (m/s)	1,5	2	3	4	5	6	7	8
Scheibendurchmesser (mm) 100	7,0	7,25	7,6	8,0	8,3	8,6	8,8	9,0
160	9,5	9,9	10,6	11,0	11,3	11,6	11,8	12,0
180	14	14,8	16	17,0	17,6	18,1	18,6	19,0

Durch Einbau von Textilriemen, Seidenriemen, Belagriemen kann die Leistung oft gesteigert werden. Seidenriemen[3] werden nach Werkstoff, Webart und Stärke in 7 Leistungsstufen eingeteilt, die folgende Umfangskraft in kg je cm Breite übertragen können:

Kennzahl der Stufe . . . . z	9	13	17	23	30	40	53
Kraft kg/cm . . . . p	3,8	5	6,75	9	12	16	21

Ist die Breite b durch die Scheibenabmessungen gegeben, so kann man die Leistungsstufe errechnen nach

$$z = 4800\, N/(d_k\, n\, b) \tag{19}$$

---

[1] RAL = Reichsausschuß für Lieferbedingungen unterscheidet in RAL 066 drei Riemenklassen. — Betr. Riemenbreiten s. BUSSMANN u. HAAX, Die neuen R.emenbreiten, AWF-Mitt. 25 (1943) S. 29.

[2] GRÜNDER, Riemen im Werkzeugmaschinen-Antrieb. Verlag: Ledertreibriemen, Berlin 1933.

[3] Berechnung nach Gebr. KÖTER, Leipzig.

Durchmesser d_k der kleinen Scheibe ist in m einzusetzen, b in cm, n in U/min, N in PS. Bei stoßweisem Betriebe ist die höhere, bei $v > 20$ m/s und gleichförmigem Betrieb die niedrigere Stufe zu wählen. Die Breite wird ermittelt nach

$$b = N\,f/(d_k\,v), \tag{20}$$

d_k wieder in m einsetzen, v in m/s, b in cm. f ist abhängig von dem Umschlingungswinkel der kleineren Scheibe und wird $f = 2,5$ bei $\beta < 150^0$; $f = 2,2$ bei β bis 170^0; $f = 2$ bei $\beta > 170^0$.

Belagriemen, Textilriemen mit Chromlederbelag, leisten etwa das Doppelte der Lederriemen, da ihre Reibungszahl etwa das Dreifache der der Lederriemen beträgt. Genaue Ermittlung der Abmessungen solcher Riemen behalten sich die Lieferanten vor[1] (s. a. Beispiel 6).

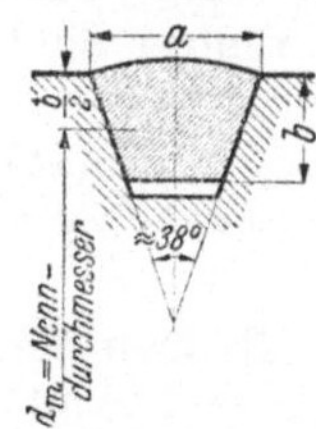

Abb. 16. Keilriemenquerschnitt.

16. Leistung der Keilriemen. Keilriemenquerschnitte (Abb. 16), Längen und Keilriemenscheiben sind nach DIN 2215...2217[2] genormt. Aus Tabelle 7 kann man die Leistung entnehmen, die mit einem Riemen bei 180^0 Umschlingungswinkel übertragen werden kann. Die wirkliche Leistung ändert sich nach

$$N' = N\,c_1/c_2 \tag{21}$$

wenn der Umschlingungswinkel kleiner als 180^0 ist (Beiwert c_1 aus Tabelle 7) und der Betrieb zeitweilig überbeansprucht wird (Beiwert c_2 der Tabelle 7).

Tabelle 7. Leistungen und Hauptabmessungen der Keilriemen (nach DIN 2217/18).

Keilriemen a	5	6	8	10	12,5	16	20	25	32	40	50
b	3	4	5	6	8	10	12,5	16	20	25	32
Nutzkraft P kg . . .	1,6	2,8	5	8	14	22,5	36	56	90	140	225
Leistungen N (PS) bei einer Riemengeschwindigkeit v (m/s) = 2	0,024	0,05	0,1	0,19	0,37	0,7	1,0	1,5	2,4	3,7	6
4	0,047	0,1	0,19	0,37	0,74	1,3	1,9	3,0	4,7	7,4	12
6	0,068	0,15	0,28	0,55	1,1	1,9	2,8	4,4	7,0	11	18
8	0,089	0,19	0,36	0,72	1,4	2,5	3,7	5,7	9,2	14	23
10	0,10	0,22	0,43	0,87	1,7	3,1	4,5	6,9	11,1	17	28
12	0,11	0,25	0,48	1,0	2,0	3,6	5,2	8,0	12,8	20	32
16	0,11	0,27	0,55	1,2	2,4	4,3	6,3	9,8	15,7	24	39
20	0,08	0,24	0,54	1,3	2,7	4,8	6,9	10,7	17,1	27	43
24	—	0,15	0,42	1,1	2,6	4,7	6,8	10,3	17,0	26	43
Zulässiger Kleinst $\varnothing$ $d_{\min}$ . . .	22	32·	45	63	90	125	180	250	355	500	710

Umschlingungswinkel β	180^0	170^0	160^0	150^0	140^0	130^0	120^0	110^0	100^0	90^0	80^0	70^0
Beiwert c_1	1	0,98	0,95	0,91	0,89	0,86	0,82	0,78	0,73	0,68	0,63	0,55

Überbeanspruchung in % der normalen Beanspruchung	0	25	· 50	100	150
Beiwert c_2	1	1,1	1,2	1,4	1,6

17. Leistung und Drehmoment an Stufenscheiben. Bei der Ermittlung der über Stufenscheibentriebe zu übertragenden Kräfte, Drehmomente und Leistungen geht man meist nicht von Gleichung (16) aus, sondern berechnet die Riemenkraft aus

$$P = p\,b \text{ (kg)} \tag{22}$$

worin b = Riemenbreite in mm und p die zulässige Beanspruchung in kg je mm Riemenbreite bedeutet. Diese p-Werte sind abhängig von der Riemenbreite,

---

[1] Berechnung nach SIEGLING, Braunschweig.
[2] s. a. DEGENHARDT, Werkstattstechnik 1938, S. 207.

während Riemengeschwindigkeit und Umschlingungswinkel hier vernachlässigt werden. Mittlere- bis Höchstwerte sind

Riemenbreite b . . . . = 25   40   60   80   100   140 mm
Belastungszahl p . . . . . . = 0,8   0,9   1,1   1,25   1,4   1,6 kg/mm

Aus Riemenkraft und Scheibendurchmesser ergeben sich dann für die einzelnen Stufen die eingeleiteten Drehmomente $M = P\,d/2$ (kg cm) oder aus Riemenkraft und Geschwindigkeit auch die Leistung $N = P\,v/75$ (PS), wenn von dem Wirkungsgrad zunächst abgesehen wird. Sind die Stufenscheibentriebe mit Rädervorgelegen (Übersetzung i_v) ausgerüstet, so wird das Moment an der Arbeitsspindel

$$M = P\,i_v\,d/2. \tag{23}$$

5. Beispiel. Für die im Beispiel 4 berechnete Stufenscheibe sollen die Drehmomente an der Arbeitsspindel berechnet werden, wobei die Stufenbreite 80 mm betragen soll (Abb. 15).

Lösung: Zu einer Stufenbreite von 80 mm gehört eine Riemenbreite von 70 mm. Nimmt man $p = 1,2$ an, so wird die Riemenkraft $P = 70 \cdot 1,2 = 84$ kg. Die Drehmomente werden dann auf den einzelnen Stufen (d in cm einsetzen!):

$M_{12} = 84 \cdot 17,8/2 = 750$ kg cm und $M_{11} = 920$, $M_{10} = 1090$, $M_9 = 1260$; die Momente M_8 b s M_1 ergeben sich aus M_{12} bis M_9, multipliziert mit der Vorgelegeübersetzung. Der Wirkungsgrad beim Gang über 1—2—3—4 sei mit 0,9, beim Gang über 1—2—3—6—7—8—3—4 jedoch mit 0,8 angenommen. Dann erhält man: $M_8 = 4 \cdot 0,9 \cdot 750 = 2700$ kg cm und weiter $M_7 = 3315$, $M_6 = 3930$, $M_5 = 4540$; $M_4 = 16 \cdot 0,8 \cdot 750 = 9600$, $M_3 = 11\,800$, $M_2 = 13950$, $M_1 = 16\,100$ kg cm. In Abb. 17 sind die Werte in einem Schaubild zusammengestellt. Man erkennt, daß die Momente beim Übergang von einer Vorgelegeübersetzung zur anderen stark abfallen und daß die Leistung an der Spindel nicht konstant ist (siehe auch Abschnitt 50).

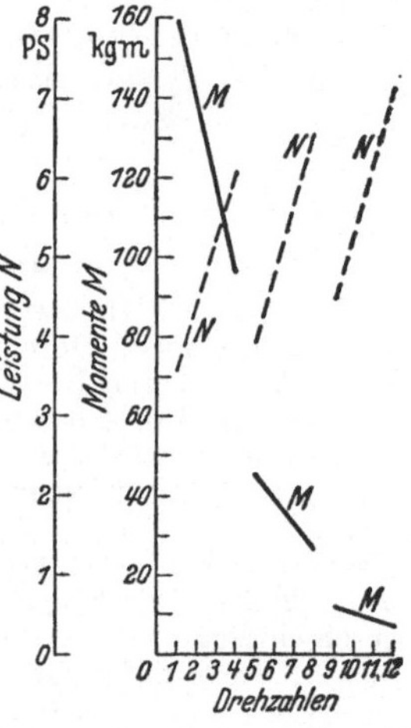

Abb. 17. Bei Stufenscheibe mit Rädervorgelege zeigt die Momentenreihe größere Sprünge.

D. Ausführung der Riementriebe.

18. Riementriebe für Hauptantriebe. Das wichtigste Anwendungsgebiet der Riemen im Werkzeugmaschinenbau sind die Hauptantriebe, bei denen ein Elektromotor die Maschine unmittelbar antreibt. Der Riementrieb wird dem Anbau eines Elektromotors als Flanschmotor oft vorgezogen, da er bei Überlastungen nachgibt und die Erschütterungen des Motors nicht auf die Maschine überträgt. Außerdem kann man bei Verwendung eines Riementriebes jeden normalen Motor einbauen und auch leicht den Trieb umbauen, was bei Flanschmotorantrieb nicht möglich ist und besonders bei Ersatzbeschaffung sehr störend für den Betrieb werden kann. Voraussetzung für einen leistungs-

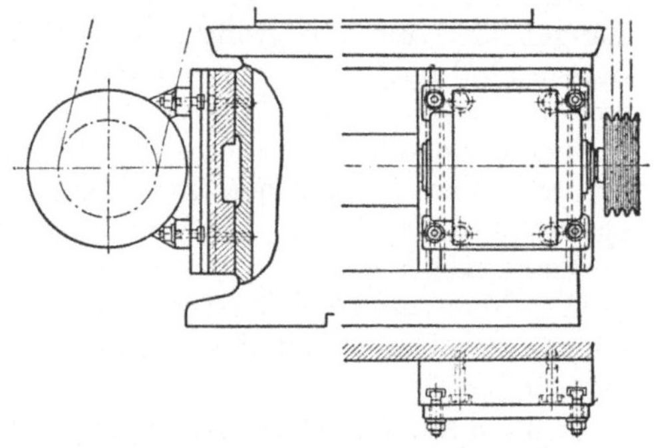

Abb. 18. Der Motor kann nachgestellt werden.

fähigen Betrieb ist eine genügend große Vorspannung (bis ~ 20 kg/cm²), die man dadurch erreicht, daß die Achse einer Welle verstellbar ist. Meist wird der Elektromotor auf einer Spannschiene (Abb. 18) oder einer Wippe befestigt. In Abb. 97 ist der Getriebekasten um Welle I schwenkbar. Der Spannweg soll 3···6% der Riemenlänge betragen. Die Spannschiene muß mit Führungsnuten versehen sein, damit sich der Motor beim Verschieben nicht schief stellen kann, was eine einseitige und zusätzliche Belastung des Riementriebes bewirken würde.

Erschütterungsfreien Lauf erreicht man bei Flachriemen nur durch Verwendung von Textilriemen oder Gummiriemen, da diese über ihre ganze Länge gleichmäßig stark und endlos gewebt ausgeführt werden können. Sie leisten auch mehr, erfordern geringeren Achsdruck, sind allerdings gegen Schlupf empfindlicher und sollen nicht gegen Scheibenborde laufen, was sich aber bei Einzelantrieben vermeiden läßt. Belagriemen können für Übersetzungen bis 12 eingebaut werden, wobei der Achsabstand $\leq d_g$ sein darf. Bei Lederriemen wird $i \leq 5$, darüber müssen Spannrollen vorgesehen werden. Die Riemenlänge wird berechnet für offene Triebe aus

$$L \approx 2\,A + \pi(d_g + d_k)/2 + (d_g{-}d_k)^2/(4\,A) \tag{24}$$

für gekreuzte Triebe aus

$$L \approx 2\,A + \pi(d_g + d_k)/2 + (d_g + d_k)^2/(4\,A). \tag{25}$$

6. **Beispiel.** Im Betriebe steht eine Drehbank, die über Einscheibe von der Transmission angetrieben wird. Durchmesser der Einscheibe $d_2 = 260$ mm, Solldrehzahl $n_2 = 800$ U/min, Breite $b = 90$ mm. Die Maschine muß auf Einzelantrieb umgestellt werden.

Lösung. Der Antriebsmotor soll mit $n_1 = 1440$ U/min laufen. Der Durchmesser der Motorriemenscheibe wird dann $d_1 = d_2\,n_2/n_1 = 144,5$ mm. Genauer ermittelt man die Drehzahl und Durchmesser bei Riementrieben nach der Gleichung

$$n_1/n_2 = (d_2 + s)/(d_1 + s) \tag{26}$$

also unter Berücksichtigung der Riemenstärke s. Nimmt man hier $s = 4,5$ mm an, so wird $d_1 = (260 + 4,5) \cdot 800/1440 - 4,5 = 142,5$ mm. Bei diesem Durchmesser ist dann die Umfangsgeschwindigkeit ~ 11 m/s. Auf die Riemenscheibe von 90 mm Breite kann ein Riemen mit 80 mm Breite aufgelegt werden. Die Nutzspannung wird

$$k_n = 16,5 + 0,6 \cdot 11 - 0,016 \cdot 11^2 - 300 \cdot 4,5/142,5 + 2 = 13,7 \ \text{kg/m}^2.$$

Der Motor muß dann nach (16) eine Antriebsleistung haben $N = (8 \cdot 0,45 \cdot 13,7 \cdot 11)/75 \sim 7,3\,\text{PS}$. Der Achsabstand sei 520 mm. Dann wird der Umschlingungswinkel nach (18) $\beta = 167^0$. Dem nach ist die Leistung um 4% zu kürzen, so daß ein Motor mit $N = 7$ PS gewählt werden kann. Für Seidenriemen ergäbe sich nach (19) die Leistungsstufe $z = 4800 \cdot 7/(0,145 \cdot 1440 \cdot 8) \sim 20$, gewählt $z = 23$ mit $p = 9$ kg/cm.

Bei **Keilriemen** sind die Scheibendurchmesser nach den Normen möglichst groß zu wählen, so daß die Umfangsgeschwindigkeit groß wird, aber kleiner als 25 m/s bleibt. Die Riemenlänge ist nach (24) zu berechnen, wobei man nach Abb. 16 den mittleren Scheibendurchmesser einsetzt und auch die mittlere Riemenlänge erhält. Genormt sind jedoch die inneren Riemenlängen, die zugehörigen mittleren Längen sind um $\pi\,b$ größer. Die mittleren Scheibendurchmesser = Nenndurchmesser sind auch für die Berechnung der Übersetzung einzusetzen. Größte Übersetzung etwa 10 bei Achsabstand $A \geq d_g$, so daß der Umschlingungswinkel der kleineren Scheibe $\beta \geq 120^0$ wird. Zweckmäßig wählt man nicht einen, sondern mehrere (bis 10) Riemen zur Leistungsübertragung. Damit man den Riemen spannungslos auflegen und dann nachspannen kann, soll der Achsabstand um zweimal Keilriemenhöhe verkleinert und um 2···4% vergrößert werden können.

Für Flach- und Keilriementriebe ist als Gesamtwirkungsgrad im Mittel 0,9···0,95 anzusetzen, Geschwindigkeitsverluste durch Dehnungs- und Gleitschlupf betragen etwa 0,5···1,5%.

7. **Beispiel.** Ein Elektromotor mit $N = 5$ kW, $n = 1420$, soll eine Fräsmaschine mit $n_2 = 750$ U/min antreiben. Aus Raumgründen darf der Außendurchmesser der Keilriemenscheibe an der Maschine nicht größer als 250 mm werden, Achsabstand $A = 800$ mm.

Lösung. Man wähle den Durchmesser möglichst groß, hier also den Grenzwert von 250 mm. Die Umfangsgeschwindigkeit beträgt dann etwa $v \sim 0,25\ \pi\ 750/60 \sim 10$ m/s. Für die Leistung von 5 kW $= 5 \cdot 1,36 = 6,8$ PS können nun gewählt werden (Tabelle 7) 6,8:0,87 $= 8$ Riemen 10/6 oder 6,8:1,7 $= 5$ Riemen 12,5/8 oder 6,8:3,1 $= 3$ Riemen 16/10. Werden 5 Riemen 12,5/8 gewählt, so wird der mittlere Scheibendurchmesser an der Maschine $250 - b = 250 - 8 = 242$ mm. Der mittlere Durchmesser der Motorscheibe wird $d = 242 \cdot 750/1420 = 128$ mm. Das ist nach Tabelle 7 zulässig, da $d_{min} = 90$. Umschlingungswinkel wird $\beta \sim 170^0$, also $c_1 = 0,98$. Bei $c_2 = 1,2$ wird dann $N' = 5 \cdot 1,7 \cdot 0,98/1,2 = 6,9$ PS, reicht also aus.

19. Spannrollentriebe. Spannrollen sind möglichst zu vermeiden, da der Riemen mehr abgenutzt wird, die Triebe nie ohne Erschütterungen laufen und erhöhte Geräusche verursachen. Spannrollen werden angeordnet (Abb. 19), wenn der Umschlingungswinkel oder Achsabstand zu gering wird. Sie liegen am losen Trum, sorgen für gleichmäßige Vorspannung und gleichen die Riemenlängung aus. Man wähle die Spannrollendurchmesser möglichst groß und lege die zylindrische Spannrolle nicht zu nahe an die Riemenscheiben. Abstand $a_1 \geq (d_k + d_s)/2$, bei geringerem Abstand $a_1 \approx a_2$. Zur Bestimmung der Riemenlänge, der Winkel usf. ist es am einfachsten, den Riementrieb mit Spannrolle maßstäblich aufzuzeichnen. Der Winkel 2φ soll möglichst $\leq 120^0$ sein. Für Werkzeugmaschinentriebe kann man die Spannkraft mit $R \approx P \cos \varphi$ annehmen (5).

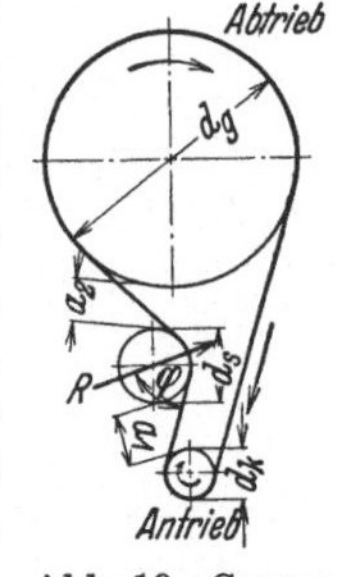

Abb. 19. Spannrollentrieb.

20. Stufenscheibentriebe. Der Stufenscheibentrieb hat viele Nachteile: Das Umlegen der Riemen erfordert viel Zeit; die Kraftübertragung ist nur beschränkt leistungsfähig, da die Riemengeschwindigkeiten gering sind; die Sicherheit der Kraftübertragung wird durch die geringe Umspannung der kleinsten Scheibe beeinträchtigt, zumal gerade bei ihr die Spindel mit der höchsten Drehzahl oder dem größten Moment läuft; infolge der Baulänge ist die Stufenzahl begrenzt. Baut man zur Erhöhung der Stufenzahl Decken- oder Rädervorgelege ein, so wird die Zeit für den Drehzahlwechsel noch größer, insbesondere, wenn bei Rädervorgelegen Mitnehmerschraube oder Federstift gelöst und die Vorgelegewelle ausgeschwenkt werden muß. Günstiger sind dann Ausführungen mit Kupplungen nach Abb. 13, 14, wobei Reibkupplungen den Vorzug verdienen, wenn sie auch bei den großen Momenten sicher durchziehen (Abb. 20). Nachteilig ist bei allen Rädervorgelegen die An

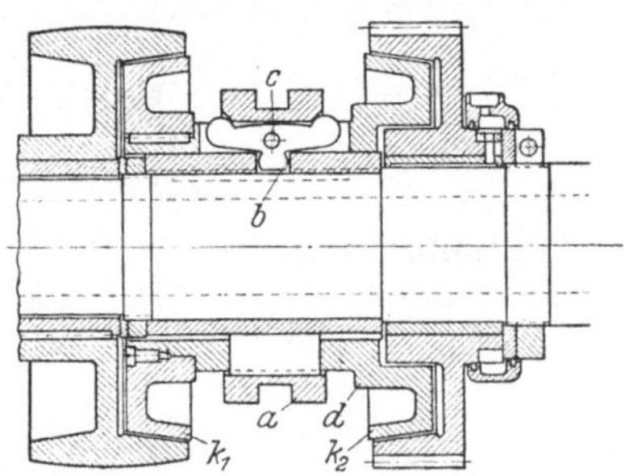

Abb. 20. Rückt man Muffe a, so wird die Sichel um b gedreht und Bolzen c und damit Hülse d verschoben. Reibkegel k_1 bzw. k_2 kann sich nicht selbst lösen, da die Sichel unter der Muffe a liegt.

häufung von Buchsen, Rädern, Kupplungen auf der Arbeitsspindel, was nicht ohne Einfluß auf das Arbeitsergebnis bleibt. Stufenscheiben haben daher nur Berechtigung bei schnellaufenden Maschinen kleiner Leistung, wo sie auch eingebaut werden. Als Richtmaß gilt: Baulänge etwa gleich größtem Durchmesser.

21. Kettentriebe. Für die Kettentriebübersetzungen sind statt der Durchmesser die Zähnezahlen der Kettenräder einzusetzen in (2).

$$i = \frac{z_2}{z_1} = \frac{n_1}{n_2}.$$

Zähnezahlen unter 15 sind zu vermeiden, als Grenzübersetzung gilt 1:7.

Die Kettentriebe können als Rollenketten (Abb. 21) oder als Zahnketten (Abb. 22) ausgeführt

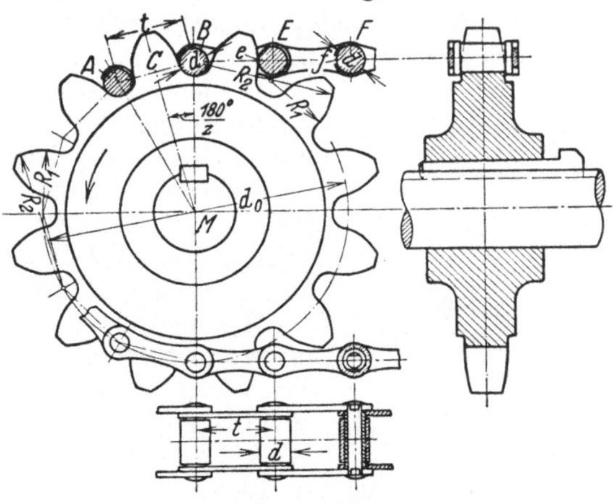

Abb. 21. Rollenkette.

2*

werden. Während die Rollenketten im Werkzeugmaschinenbau nur für Schalt-
getriebe eingebaut werden — Umfangsgeschwindigkeit bis 4···5 m/s —, eignen sich
die Zahnketten bei geräusch-
losem Lauf auch für die Übertragung größerer Kräfte und
höherer Umfangsgeschwindigkeiten. Der Achsabstand der
Kettenräder sei mindestens
$A_{min} \geqq d_g + d_k/2$. Es ist zu beachten, daß die Länge der

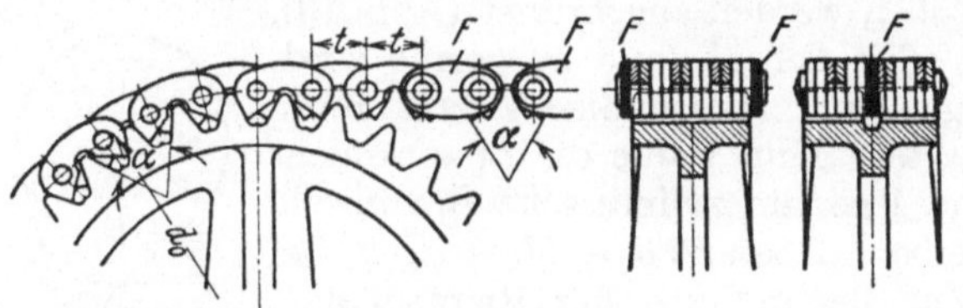

Abb. 22. Zahnkette.

Kette ein ganzes Vielfaches der Teilung t wird (Teilung $t =$ Mittenabstand der
Rollen A und B in Abb. 21). Die Anzahl Z der Kettenglieder wird bei einem
Achsenabstand A

$$Z = 2\frac{A}{t} + \frac{z_g + z_k}{2} + \left(\frac{z_g - z_k}{2\pi}\right)^2 \cdot \frac{t}{A}. \tag{27}$$

Zum Ausgleich der Kettenlängung sei ein Kettenrad um etwa $2\,t$ nachstellbar.
Senkrecht übereinanderliegende Kettenräder sind zu vermeiden. Die Abmessungen
und Leistungen der Ketten sind den Listen zu entnehmen.

IV. Räderwechselgetriebe.

A. Aufbau der Räderwechselgetriebe.

22. Einführung. In den Räderwechselgetrieben werden die Drehmomente von
der treibenden Welle I fast ausschließlich über Stirnräder auf die Abtriebswelle II
übertragen. In die Übersetzungsgleichung setzt man bei Rädertrieben statt der

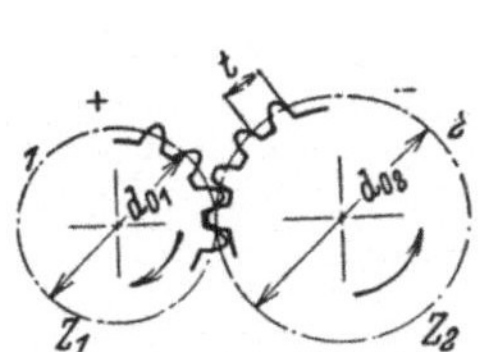

Abb. 23. Stirnrad 1 treibt
Stirnrad 2.

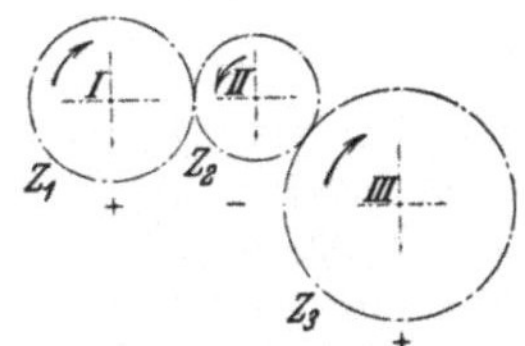

Abb. 24. Stirnradtrieb mit
Zwischenrad.

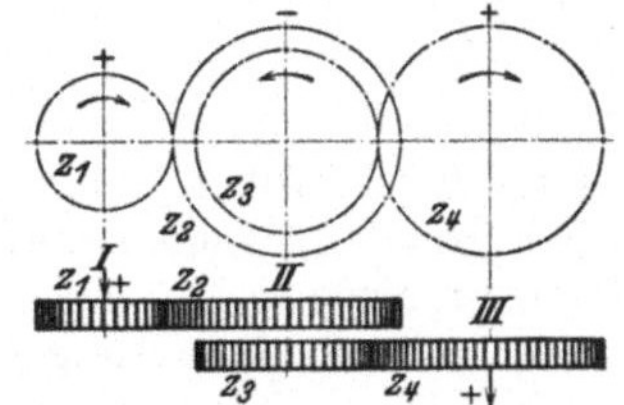

Abb. 25. Zweifacher Stirnradtrieb.

Durchmesser zweckmäßig die Zähnezahlen ein und erhält dann $i = n_1/n_2 = z_2/z_1$
[siehe auch Gleichung (2)].

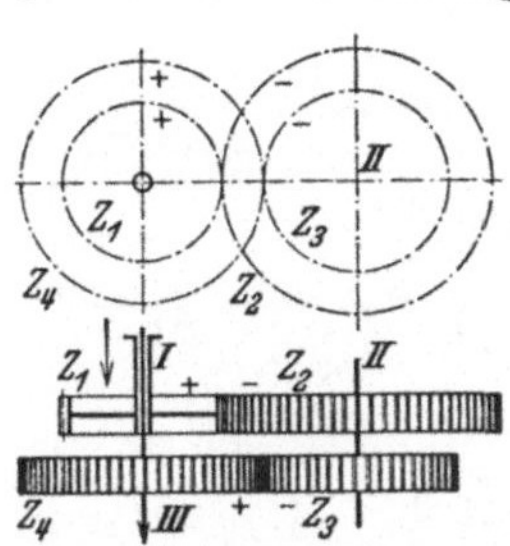

Abb. 26. Rückkehrender
Stirnrädertrieb (Vorgelege).

In dem einfachen Rädertrieb nach Abb. 23 wird der
Drehsinn geändert; soll er erhalten bleiben, so muß ein
Zwischenrad eingebaut werden (Abb. 24). Durch das
Zwischenrad wird die Übersetzung nicht geändert. Werden
jedoch auf der Zwischenwelle zwei Räder angeordnet
(Abb. 25), so wird die Gesamtübersetzung $i = (z_4\,z_2)/(z_3\,z_1)$,
also getriebene Räder durch treibende Räder.

Man bezeichnet diese Anordnung, bei der der Drehsinn
unverändert bleibt, als „zweifachen Trieb". Man kann diesen
Trieb auch so anordnen, daß er die Drehbewegung wieder
zur Ausgangsachse zurückführt (Abb. 26). Hier wird dann
Welle I zu einer Buchse auf Welle III. Das rückkehrende
Räderwerk wurde bei den Rädervorgelegen der Stufenscheibengetriebe (Abb. 13,
14) schon gezeigt.

In den Wechselgetrieben sitzen nun die Räder teils fest auf den Wellen, teils sind sie verschiebbar, teils lose und kuppelbar. Um die Aufbauzeichnungen der Rädertriebe leicht zu verstehen, sind in allen Zeichnungen die Räder nach den Sinnbildern des AWF-Getriebeausschusses (AWF-Getriebeblatt 624) dargestellt. Und zwar Räder, die fest auf der Welle sitzen, nach Abb. 27, Räder, die lose auf der Welle sitzen, nach Abb. 28, Schieberäder — also achsig verschiebbar, aber durch eine Feder die Welle mitnehmend — nach Abb. 29. Außerdem Klauenkupplungen nach Abb. 30 und Reibkupplungen nach Abb. 31. Bei den Reibkupplungen ist die

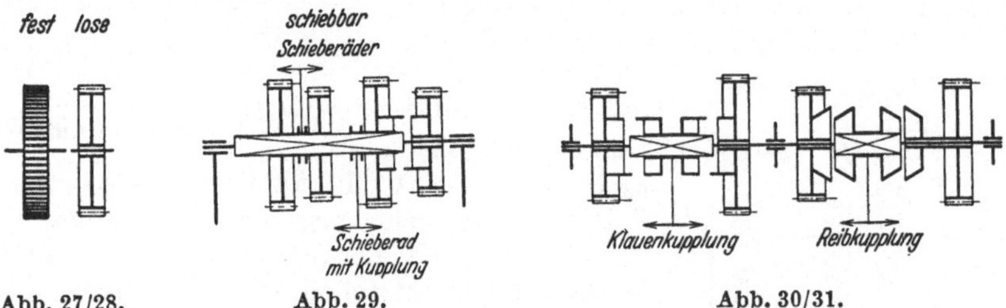

Abb. 27/28.   Abb. 29.   Abb. 30/31.

Sinnbilder für die Darstellung der Räder in Wechselgetrieben nach AWF.

bauliche Ausführung — ob als Kegelreibkupplung oder Lamellenkupplung — nicht berücksichtigt, wie auch bei der Darstellung der Wellen zunächst nicht zwischen Vielkeilwellen, K-Profilwellen oder Ausführungen mit Gleitfedern unterschieden wird.

Die Stirnräder werden mit Ziffern 1—2—3..., ihre Zähnezahlen mit z_1, z_2, z_3..., Wellen mit I, II, III... bezeichnet; die Drehrichtung der Wellen mit $+$ und $-$.

23. Wechselräder stellen das einfachste Räderwechselgetriebe dar, bei dem von Fall zu Fall zwei oder mehr Räder ausgewechselt werden, um die gewünschte Übersetzung zu erreichen. Wechselräder können zwei feste Wellen unmittelbar verbinden oder als zweifacher Trieb (Abb. 23 bis 25) angeordnet werden. Verbinden 2 Räder festgelagerte Wellen, so müssen diese Räder neben der Übersetzungsgleichung auch die Bedingungen für den Achsabstand erfüllen (Abschnitt 30). Bei dem zweifachen Trieb wird dagegen die Zwischenwelle beweglich auf einer Schere angebracht. Nun kann die Zahnsumme ohne Rücksicht auf den festen Achsabstand beliebig gewählt werden und es ist möglich, mit einer verhältnismäßig geringen Zahl von Wechselrädern eine sehr große Reihe verschiedener Übersetzungen einzustellen. Die Zähnezahlen der Wechselräder für Werkzeugmaschinen sind nach DIN 741 mit 20 bis 140 Zähnen bei 45 Rädern genormt.

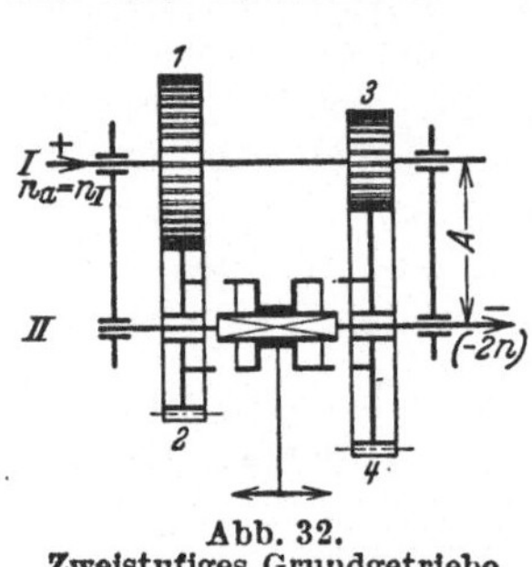
Abb. 32.
Zweistufiges Grundgetriebe.

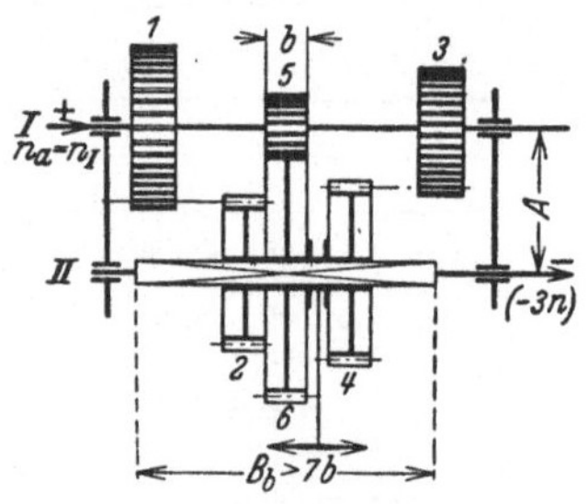
Abb. 33.
Dreistufiges Grundgetriebe.

24. Grundgetriebe besitzen zwei oder mehr Zahnradpaare, die zwei festgelagerte Wellen verbinden. Sie werden daher auch als Zweiwellengetriebe bezeichnet. Das einfachste Getriebe dieser Art ist das zweistufige Zweiwellengetriebe (Abb. 32), bei dem die Antriebsdrehzahl n_a einmal durch die Räder 1—2 und dann durch 3—4 in 2 Enddrehzahlen gewandelt wird. Die Räderpaare 1—2 und 3—4 können (wie gezeichnet) durch Kupplung oder aber durch Verschiebung zum Eingriff gebracht werden. Für 3 Enddrehzahlen (Abb. 33) ist das dreistufige Getriebe mit Schieberädern gezeigt. Entsprechenden Aufbau hat auch das vierstufige Getriebe (Abb. 34), bei dem durch die 4 Räderpaare 4 Enddrehzahlen einschaltbar sind. Die Baubreite wird hier bei der gezeichneten Ausführung schon recht beträchtlich, so daß man in dieser Form selten mehr Räderpaare anordnet.

25. Dreiwellengetriebe. Schaltet man nun 2 Grundgetriebe hintereinander, so erhält man Dreiwellengetriebe. Abb. 35 zeigt ein vierstufiges Getriebe, dessen Kraftwege in Abb. 36 angegeben sind. Danach erhält man die Drehzahlen über die Räder: n_1 über 3—4—7—8; n_2 über 3—4—5—6; n_3 über 1—2—7—8 und schließlich

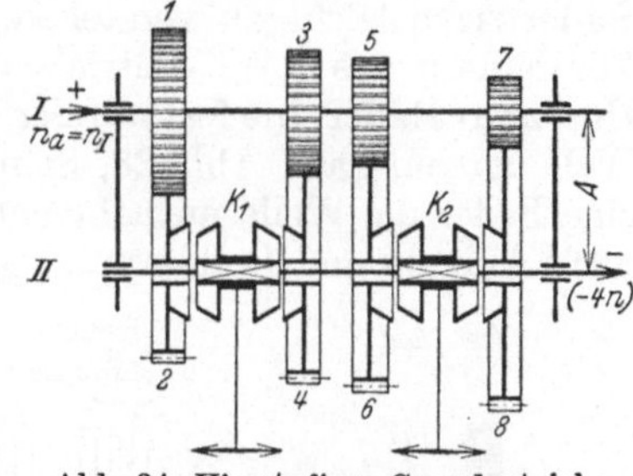

Abb. 34. Vierstufiges Grundgetriebe.

n_4 über 1—2—5—6. In ähnlicher Weise erhält man 6 Drehzahlen, wenn man ein zweistufiges und ein dreistufiges Grundgetriebe hintereinanderschaltet. 8 Drehzahlen entstehen aus 2×4 oder umgekehrt und schließlich 9 Drehzahlen aus 3×3. Man könnte noch weitergehen und entsprechend auch 12- und 16stufige Getriebe bauen. Diese Anordnungen lassen sich aber baulich schlecht lösen, so daß man in Hauptgetrieben kaum über 9 Drehzahlen geht, für größere Drehzahlreihen aber andere Lösungen findet.

Bei der Betrachtung der Abb. 35 liegt der Gedanke nahe, ob nicht Räder gespart werden könnten, wenn die Berechnung so durchgeführt wird, daß Rad 2 gleich Rad 5 und vielleicht Rad 4 gleich Rad 7 würde. Man hätte im ersteren Falle ein „einfach gebundenes" Getriebe mit Ersparnis eines Rades (Abb. 37), im zweiten Fall ein „doppelt gebundenes" Getriebe mit Ersparnis zweier Räder (Abb. 38). Die Schaltungen für das Getriebe nach Abb. 37 sind dann sinngemäß nach Abb. 35 und 36 aufzustellen, wobei $z_2 = z_5$ wird. Das Rad 2 des Getriebes gehört also nunmehr zu dem ersten Grundgetriebe und zu dem zweiten.

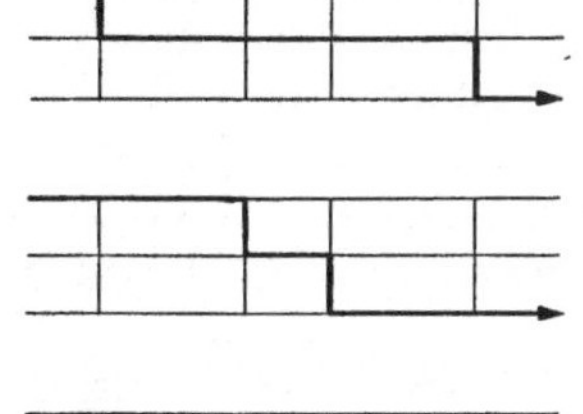

Abb. 35 u. 36. Vierstufiges Dreiwellengetriebe und Gänge durch das vierstufige Dreiwellengetriebe.

Noch weiter geht die Bindung bei den Getrieben nach Abb. 38. Mit 6 Rädern werden hier 4 Drehzahlen erzeugt. Die Schaltwege gehen über die Räder:

n_4: 1—2—5—6
n_3: 1—2—3
n_2: 4—5—6
n_1: 4—5—2—3.

Das erste Grundgetriebe besteht aus den Rädern 1—2 und 4—5, das zweite aus den Rädern 2—3 und 5—6. Die Räder 2 und 5

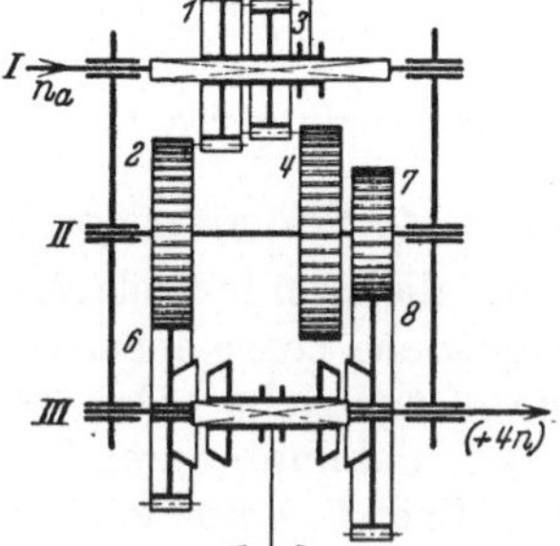

Abb. 37. Einfach gebundenes Dreiwellengetriebe mit 4 Stufen.

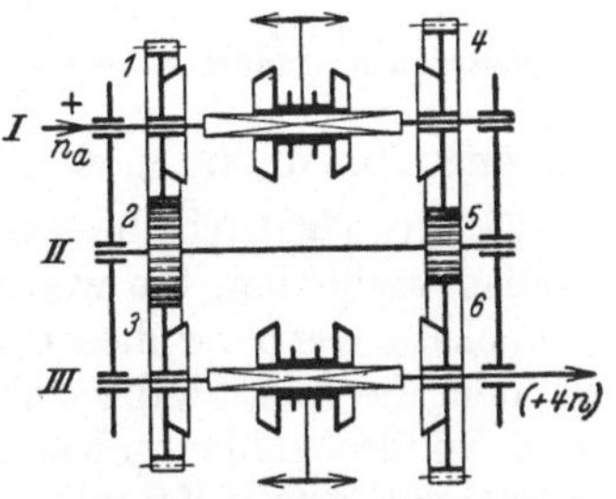

Abb. 38. Doppeltgebundenes Dreiwellengetriebe mit 4 Stufen.

sind also beiden Grundgetrieben gemeinsam. Das sechsstufige Getriebe in Abb. 39 besteht aus einem zweistufigen und einem dreistufigen Grundgetriebe, von denen die Räder 2 und 5 beiden Grundgetrieben ange-
hören. Hier gehen die 6 Schaltwege über die Räder:

n_6: 1—2—5—6; n_5: 1—2—7—8; n_4: 1—2—3
n_3: 4—5—6; n_2: 4—5—7—8; n_1: 4—5—2—3.

Ähnlich ist auch der Aufbau des doppeltgebun-
denen neunstufigen Getriebes in Abb. 40, das ein gebundenes Rumpfgetriebe mit den Räderketten 1—2—3 und 4—5—6 enthält. Ungebunden sind die Räder 7—8 und 9—10. Die Möglichkeit, solche Getriebe für geometrische Stufung aufzubauen,

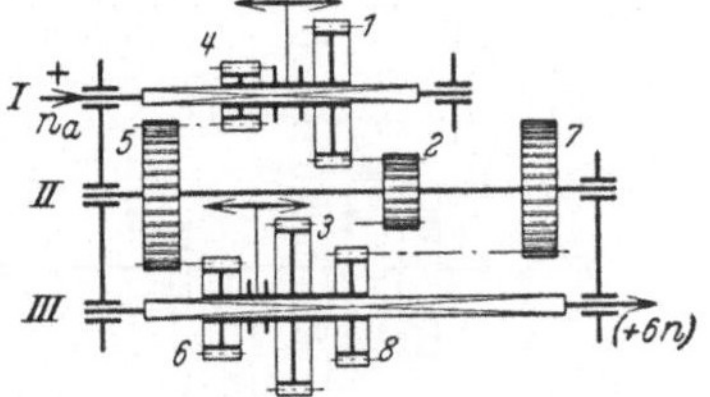
Abb. 39. Doppeltgebundenes Dreiwellengetriebe mit 6 Stufen.

ist beschränkt. Infolge der großen Zwischenübersetzungen sind hier nur Getriebe mit den Stufensprüngen 1,12 und 1,26, und nur ein Getriebe mit dem Sprung 1,41 ausführbar.

Eine andere Form der Dreiwellengetriebe erhält man, wenn man entsprechend Abb. 26 wieder zur Ausgangsachse zurückkehrt. Solche Vorgelegetriebe haben durch den Kraftwagen die größte Verbreitung gefunden und sind auch für Werkzeugmaschinen unmittelbar übernommen worden. Man wählt im Kraftwagenbau

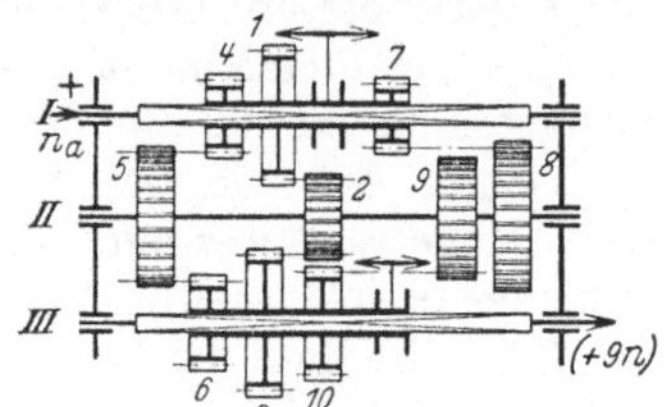
Abb. 40. Doppeltgebundenes Dreiwellengetriebe mit 9 Stufen.

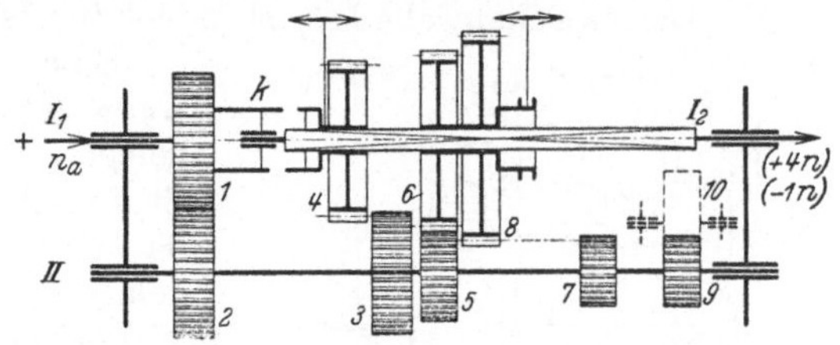
Abb. 41. Kraftwagengetriebe mit 4 Stufen (Vorgelegebauart).

mit Vorliebe die Vorgelegeform, da dann im „direkten" Gang die Bewegung vom Motor zu dem Achsentrieb ohne Räder übertragen werden kann. Im allgemeinen werden in diesen Getrieben 3 oder 4 Vorwärtsgänge und ein Rückwärtsgang gefordert, d. h. eine der Übersetzungen wird mit 3 Rädern, die übrigen wie sonst mit 2 Rädern ausgeführt. Die gebräuchliche Form eines Vierganggetriebes zeigt Abb. 41. Um Buchsen zu vermeiden, wird bei den Getrieben im Kraftwagen die Hauptwelle meist geteilt. Die Schaltungen sind dann folgende (mit den gebräuchlichen Mittelwerten für die Räderverhältnisse):

$$4.\ \text{Gang:}\quad I_1 - k - I_2 \qquad\qquad 1$$

$$3.\ \text{Gang:}\quad I_1 - \frac{1}{2} - II - \frac{3}{4} - I_2 \qquad \frac{1}{1,4}\cdots\frac{1}{1,8}$$

$$2.\ \text{Gang:}\quad I_1 - \frac{1}{2} - II - \frac{5}{6} - I_2 \qquad \frac{1}{2,1}\cdots\frac{1}{3,1}$$

$$1.\ \text{Gang:}\quad I_1 - \frac{1}{2} - II - \frac{7}{8} - I_2 \qquad \frac{1}{3,7}\cdots\frac{1}{5,5}$$

$$R.\ \text{Gang:}\quad I_1 - \frac{1}{2} - II - \frac{9/10}{8} - I_2 \left(-\frac{1}{3,5}\right)\cdots\left(-\frac{1}{6}\right).$$

26. Mehrwellengetriebe. Durch Hintereinanderschalten zweier zweistufiger Grundgetriebe erhielt man ein vierstufiges Dreiwellengetriebe: $2 \cdot 2 = 4$. Entsprechend kann auch dieses Getriebe erweitert werden, wenn man hinter dem vierstufigen Dreiwellengetriebe nochmals ein zweistufiges Grundgetriebe schaltet.

Man erhält dann $2 \cdot 2 \cdot 2 = 8$, also ein Vierwellengetriebe mit 8 Enddrehzahlen.
Aus den sechsstufigen Dreiwellengetrieben (III/6) ergeben sich durch Zuschaltung
eines II/2-Getriebes zwölfstu-
fige Vierwellengetriebe (IV/12)
mit den Möglichkeiten der
Schaltungen $3 \cdot 2 \cdot 2$ oder
$2 \cdot 3 \cdot 2$ oder $2 \cdot 2 \cdot 3$. Aus
den III/8-Getrieben entstehen
IV/16-Getriebe; aus den III/9-
Getrieben IV/18-Getriebe usf.

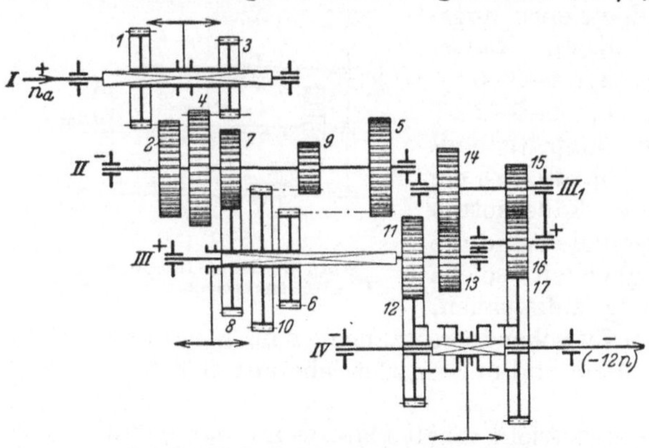

Abb. 42. Zwölfstufiges Mehrwellengetriebe.

Mit der Erhöhung der Stu-
fenzahl wird bei gleichem Stufensprung der Bereich der Getriebe erweitert. Damit muß
aber der Sprung zwischen den
Übersetzungen wachsen. In
dem zwölfstufigen Getriebe
der Abb. 42, bestehend aus je einem zwei-drei-zweistufigen Grundgetriebe, ist die
letzte Übersetzung wegen des großen Sprunges auf die Räder 13—14—15—16—17 aufgeteilt. Die Zwischenwelle III_1 ist jedoch für den Aufbau des Getriebes unwesentlich.

Eine andere Erweiterungsmöglichkeit der
Zwei- und Dreiwellengetriebe bieten die Vorgelege, die in der gleichen Art wie bei den
Stufenscheibentrieben eingebaut werden. Je
nachdem, ob ein einfaches oder doppeltes Vorgelege vorgesehen ist, kann die Zahl der Stufen
verdoppelt oder verdreifacht werden. Abb. 43,
in Beispiel 14 behandelt, zeigt ein III/4-Ge-
triebe mit doppeltem Vorgelege, also ein Getriebe mit 12 Enddrehzahlen. Nachteilig bei
dem Einbau von reinen Vorgelegen sind die
notwendigen Buchsen, die den Wirkungsgrad
der Getriebe vermindern. Um diese Buchsen
auf der Arbeitsspindel der Werkzeugmaschine
zu vermeiden, werden „Bodenräder" einge-
baut, d. h. es wird hinter dem eigentlichen Getriebe zur Übertragung auf die
Spindel noch ein weiteres Räderpaar oder ein Riementrieb vorgesehen. Der Aufbau des Getriebes nach Abb. 43 wäre dann z. B. nach Abb. 44 zu ändern. Welle III

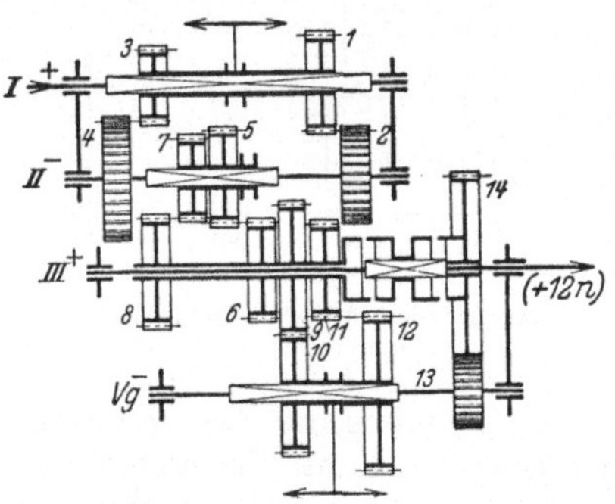

Abb. 43. Anhäufung von Buchsen, Kupplungen und Rädern auf der Spindel bei einem
Getriebe mit doppeltem Vorgelege.

der Abb. 43 ist in Abb. 44
geteilt ausgeführt (etwa in-
einander verbuchst); auf diese
Weise sind überhaupt alle
Buchsen vermieden. Kennzeich-
nend ist bei allen Vorgelege-
trieben, daß die Enddrehzahlen
des Grundgetriebes — in Abb. 43
die Drehzahlen n_{12}, n_{11}, n_{10}, n_9 —
auch Enddrehzahlen des Gesamt-
getriebes werden. (Die Anordnung des Bodenrades mit einer
Übersetzung $\div 1$ ändert hieran

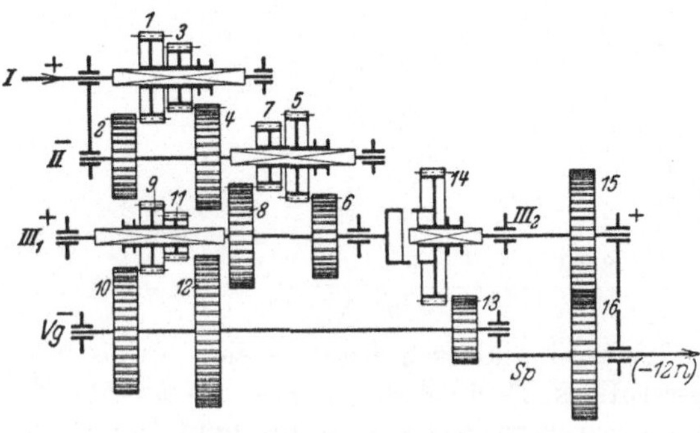

Abb. 44. Die Spindel trägt nur das Bodenrad.

nichts: Das eigentliche Räderwechselgetriebe in Abb. 44 ist mit Welle III beendet.)

27. Getriebe mit Windungsstufen. Die Bezeichnung dieser Getriebe deutet schon an, daß zur Erreichung einiger Drehzahlen der Kraftweg durch das Getriebe „Windungen" ausführen muß. In Abb. 45 ist ein vierstufiges Getriebe dieser Bauart dargestellt. Die Räder sitzen nicht fest auf der Welle, sondern auf Hülsen, und können durch die Kupplungen k_1 und k_2 mit der Welle verbunden werden.

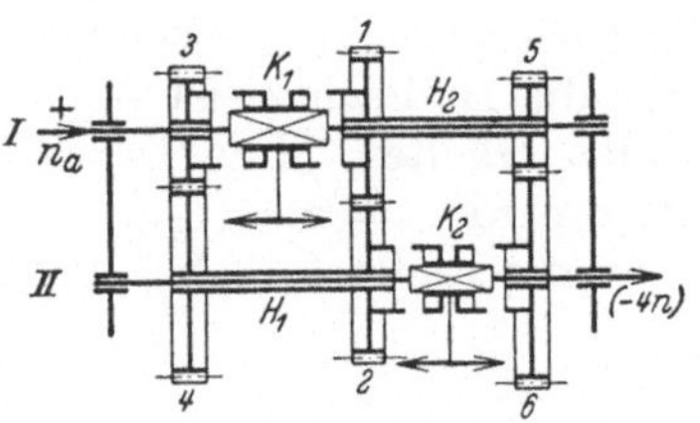

Abb. 45. Getriebe mit einem Windungsgang und 4 Enddrehzahlen.

Die Wege für die einzelnen Drehzahlen sind mit den Kupplungsstellungen:

$$n_4: \; I - k_1 - 1 - 2 - k_2 - II \qquad\qquad n_4 = \frac{z_1}{z_2} \, n_a;$$

$$n_3: \; I - k_1 - 3 - 4 - H_1 - k_2 - II \qquad\qquad n_3 = \frac{z_3}{z_4} \, n_a;$$

$$n_2: \; I - k_1 - H_2 - 5 - 6 - k_2 - II \qquad\qquad n_2 = \frac{z_5}{z_6} \, n_a;$$

$$n_1: \; I - k_1 - 3 - 4 - H_1 - 2 - 1 - H_2 - 5 - 6 - k_2 - II \qquad n_1 = \frac{z_3 \, z_2 \, z_5}{z_4 \, z_1 \, z_6} \, n_a.$$

Dieses vierstufige Getriebe läßt sich erweitern, wenn man noch ein Räderpaar zu dem vorderen hinzufügt.

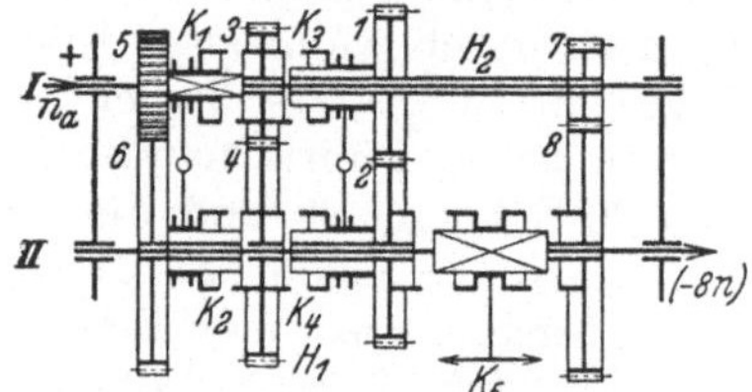

Abb. 46. Getriebe mit 4 Windungsgängen und 8 Enddrehzahlen.

n	Räder	K_1 K_2	K_3 K_4	K_5	$\frac{5}{6}$	$\frac{3}{4}$	$\frac{1}{2}$	$\frac{7}{8}$
n_8	1-2	→↗	←↘	←				
n_7	5-6; 4-3; 1-2	↘→	←↘	←				
n_6	3-4	→↗	↗←	←				
n_5	5-6	↘→	↗←	←				
n_4	7-8	→↗	←↘	→				
n_3	5-6; 4-3; 7-8	↘→	←↘	→				
n_2	3-4; 2-1; 7-8	→↗	↗←	→				
n_1	5-6; 2-1; 7-8	↘→	↗←	→				

Abb. 47. Gänge und Schaltungen zu Abb. 46.

Man erhält ein achtstufiges Getriebe (Abb. 46), bei dem mit 8 Rädern 8 Drehzahlen erreicht werden. Die Schaltungen und Wege gehen aus der Abb. 47 hervor. Getriebe dieser Art werden auch als RUPPERT-Getriebe bezeichnet, wenngleich das eigentliche RUPPERT-Getriebe einen etwas anderen Aufbau zeigt. Erspart werden bei diesen Getrieben Räder. Dieser Vorteil wird jedoch durch einen verwickelten Aufbau und durch eine Anhäufung von Hülsen und Kupplungen erkauft, so daß der Wirkungsgrad der Getriebe sinkt und der Einbau erschwert wird.

28. Bauformen der Vorschubgetriebe. Aus der Forderung, für kleinere Leistungen auf beschränktem Raum eine größere Anzahl von Abstufungen unterzubringen, ergeben sich für Vorschubgetriebe einige besondere Bauformen der Grundgetriebe wie der Getriebe mit Windungsstufen. Bei dem Ziehkeilgetriebe, Abb. 48, kämmen 1—3—5—7—9 dauernd mit 2—4—6—8—10. Die Abtriebswelle ist hohl ausgebildet, in ihr ist eine Feder verschiebbar, die jeweils in die Nut des vor ihr stehenden Stirnrades einschnappt. Man spart bei dieser Ausführung bedeutend an Baubreite. Bei dem Schwenkradgetriebe (Abb. 49) muß man in zwei Richtungen schalten:

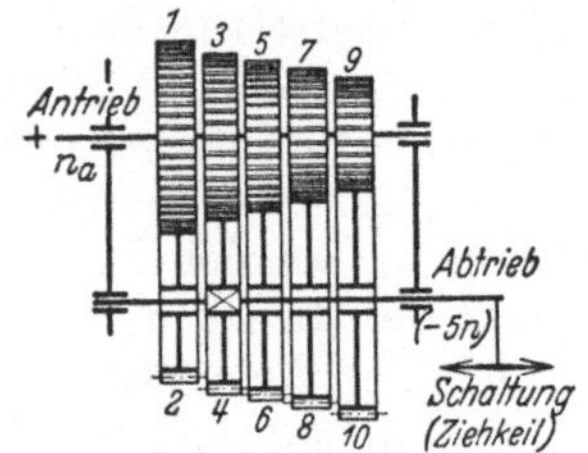

Abb. 48. Ziehkeilgetriebe.

In Richtung und rechtwinklig zur Zeichenebene, damit das Schwenkrad eingreift.
Für die Drehzahlen ist die Größe des Schwenkrades gleichgültig; der Drehsinn
bleibt erhalten. Eine besondere Ausführung ist das Nortongetriebe (Abb. 50).
Hier wird $z_2 = z_4 = z_6 \ldots = z_{12}$, Rad 12 kann wahlweise über Zwischenrad in
eines der Räder 1, 3, 5, 7, 9 eingelegt werden.

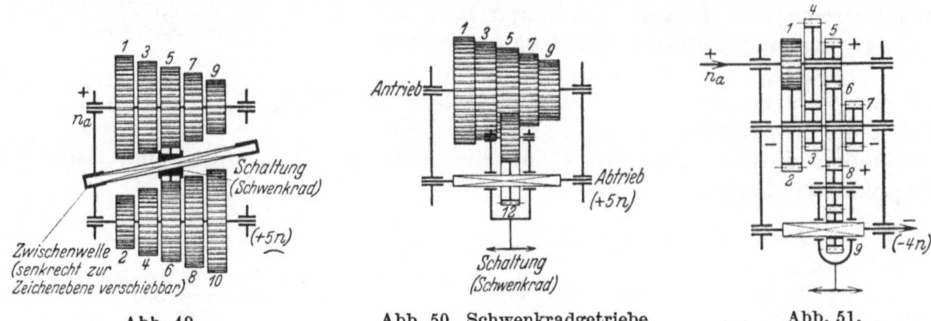

Abb. 49.
Schwenkradgetriebe.

Abb. 50. Schwenkradgetriebe
(Nortongetriebe).

Abb. 51.
Vervielfältigungsgetriebe.

Häufiger eingebaut sind die Vervielfältigungsgetriebe — oft Mäandergetriebe genannt —, die in Vorschubgetrieben die Drehzahlen „verdoppeln" sollen. Bei diesen
Getrieben (Abb. 51) sitzt Rad 1 als einziges Rad fest auf der Welle, die übrigen
lose, aber immer je zwei auf einer Buchse. Das Ge-
triebe besteht also aus hintereinandergeschalteten Vorgelegen, von denen man durch wahlweises Einlegen
der Schwinge mit Rad 8 in 2 oder 3 oder 6 oder 7 einen
beliebigen Teil benutzen kann. Führt man nun z. B.
die Räder 2, 4, 6 mit 60 Zähnen aus und die Räder
1, 3, 5, 7, 9 mit 30 Zähnen (Rad 8 beliebig als Zwischenrad), so erhält man die Übersetzungen beim Einlegen in
Rad 2: $i_4 = 1$;   Rad 6: $i_2 = 2 \cdot 2 \cdot 1 = 4$;
Rad 3: $i_3 = 2 \cdot 1 = 2$;   Rad 7: $i_1 = 2 \cdot 2 \cdot 2 \cdot 1 = 8$.
Wird $z_1/z_9 = 1:2$ ausgeführt, so erhält man die Übersetzungen 2, 4, 8, 16. Umgekehrt kann man auch ins
Schnelle gehen oder auch die Anfangsdrehzahl erhöhen
und erniedrigen (Abb. 52). Die Räder 1 und 4 sind
hier fest, die übrigen sitzen wieder paarweise auf
Hülsen.

In Abb. 115 ist statt des Schwenkrades ein Ver-
schieberad 72 eingebaut.

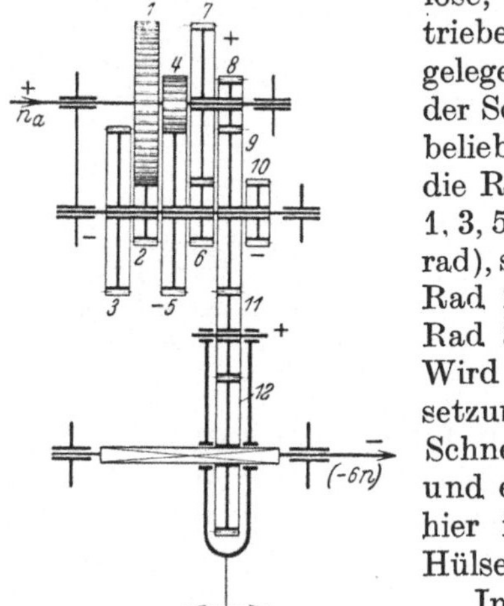

Abb. 52. Vervielfältigungsgetriebe.

B. Drehzahlverhältnisse in Räderwechselgetrieben.

29. Übersetzungen durch Wechselräder müssen entweder genau oder angenähert
einem gegebenen Verhältnis entsprechen, wobei die Räder einem vorhandenen
Wechselrädersatze zu entnehmen sind. (Siehe auch Werkstattbücher Heft 6, POCK-
RAND „Teilkopfarbeiten" und Heft 4, KNAPPE „Wechselräderberechnung für Drehbänke".) Bei den Berechnungen zerlegt man zunächst die Zahlen in Faktoren,
kürzt den Bruch und erweitert dann die Restzahlen auf die vorhandenen Zähnezahlen der Wechselräder.

8. Beispiel. Vorhandene Wechselräder seien der 5er Satz, kleinstes Rad mit 25, größtes
mit 125 Zähnen, steigend von 5 zu 5. Es soll das Verhältnis 195/228 dargestellt werden.

Lösung. Zerlegen in Faktoren

$$\frac{195}{228} = \frac{3 \cdot 5 \cdot 13}{2 \cdot 2 \cdot 3 \cdot 19} = \frac{5 \cdot 13}{2 \cdot 2 \cdot 19}.$$

Erweiterung auf vorhandene Zähnezahlen

$$\frac{5 \cdot 13}{2 \cdot 2 \cdot 19} \cdot \frac{10}{10} \cdot \frac{5}{5} = \frac{50 \cdot 65}{40 \cdot 95}.$$

Läßt sich der Genauwert nicht darstellen, so findet man angenäherte Werte durch Probieren mit Hilfe des Rechenschiebers, nach dem Verfahren des Kettenbruches oder unter Benutzung von Tabellen[1].

9. Beispiel. Wechselrädersatz wie in Beispiel 8. Dargestellt soll werden 31/89.

Lösung. Beide Zahlen sind Primzahlen, lassen sich also nicht in Faktoren zerlegen. Erweiterung mit 5 ist auch nicht möglich, da dies zu Zahlen über 125 führt. Man stellt auf der oberen Leiter des Rechenschiebers die Zahl 31 ein und darunter auf dem Läufer die Zahl 89. Nun sucht man, ob unter der Zähnezahl eines vorhandenen Rades die Zahl eines anderen steht. Hier würde man finden: 35/100 oder besser 40/115. Genügt diese Näherung nicht, so muß man versuchen, den Bruch durch vier Räder darzustellen, die man durch Probieren findet, oder man verwandelt den Bruch in einen Kettenbruch[2]. Hierbei erhält man:

$$
\begin{array}{ll}
89 : 31 = 2 & \text{Der Kettenbruch lautet demnach:} \\
\underline{62} & \\
31 : \overline{27} = 1 & \dfrac{31}{89} = \cfrac{1}{2 + \cfrac{1}{1 + \cfrac{1}{6 + \cfrac{1}{1 + \cfrac{1}{3}}}}} \\
\underline{27} & \\
27 : \overline{4} = 6 & \\
\underline{24} & \\
4 : \overline{3} = 1 & \\
\underline{3} & \\
3 : \overline{1} = 3 &
\end{array}
$$

Der Bruch wird nun nicht voll rückgewandelt, sondern es wird zunächst das letzte Glied, hier 1/3 fortgestrichen. Man erhält dann die Rückwandlung:

$$\cfrac{1}{2 + \cfrac{1}{1 + \cfrac{1}{6 + \cfrac{1}{1}}}} = \cfrac{1}{2 + \cfrac{1}{1 + \cfrac{1}{7}}} = \cfrac{1}{2 + \cfrac{7}{8}} = \frac{8}{23} \quad \left(\text{allgemein:} \quad \cfrac{1}{a + \cfrac{1}{b + \cfrac{1}{c}}} = \cfrac{1}{a + \cfrac{c}{b\,c + 1}} = \frac{b\,c + 1}{a(b\,c + 1) + c}\right).$$

Wäre nun 8/23 = 40/115 nicht darstellbar, so müßte man den Kettenbruch noch um ein weiteres Glied kürzen usf. und erhielte:

$$\cfrac{1}{2 + \cfrac{1}{1 + \cfrac{1}{6}}} = \cfrac{1}{2 + \cfrac{6}{7}} = \frac{7}{20}.$$

30. Zähnezahlrechnung. Bei den rückkehrenden Räderwerken wie bei den Räderwechseltrieben verbinden mehrere Räderpaare 2 Wellen. Da für alle Räderpaare somit ein Achsenabstand gegeben ist, so müssen die Zähnezahlen zwei Bedingungen erfüllen: $z_a/z_b = i$ und $m\,(z_a + z_b)/2 = A$. Die Berechnung der Zähnezahlen wird verschieden, wenn die Räderpaare den gleichen oder ungleichen Modul haben. Zwei Beispiele sollen den Rechnungsgang erläutern.

a) Gleicher Modul. 4 Räderpaare mit Außenverzahnung haben die Übersetzungen 1; 1,5; 2; 3. Es sind die Zähnezahlen zu bestimmen. Dies geschieht am einfachsten an Hand des auf Seite 28 stehenden Musters.

Sind die Übersetzungen beliebige Zwischenwerte, so läßt sich eine durch s teilbare Summe S nicht finden. Es ist dann auf dem Rechenschieber ein möglichst nahekommender Wert zu suchen, wie das in späteren Beispielen durchgeführt

---

[1] HÜTTE, Hilfstabellen, Verlag ERNST, Berlin 1941, 2. Aufl.
[2] SCHMUDE, Maschb. (1932), S. 184.

	$\dfrac{z_1}{z_2}$	$\dfrac{z_3}{z_4}$	$\dfrac{z_5}{z_6}$	$\dfrac{z_7}{z_8}$	
Übersetzung . . . $i = \dfrac{a}{b}$	$\dfrac{1}{1}$	$\dfrac{1,5}{1}$	$\dfrac{2}{1}$	$\dfrac{3}{1}$	
Summenzahl . . . . . s	2	2,5	3	4	addiere Zähler und Nenner
Zahnsumme . . . . . S	120				wird gefunden aus $2 \cdot 2,5 \cdot 3 \cdot 4 = 60$; jedoch zu klein: gewählt 120
Einheit . . . . e	60	48	40	30	$e = S/s$
Zähnezahlen . . . . . $\dfrac{z_a}{z_b}$	$\dfrac{60}{60}$	$\dfrac{72}{48}$	$\dfrac{80}{40}$	$\dfrac{90}{30}$	erhält man aus $a \cdot e$ und $b \cdot e$

wird. Auch dann ist es aber vorteilhaft, die Übersetzung i durch einen Bruch darzustellen, bei dem Zähler oder Nenner den Wert 1 hat (s. a. Beispiel 18 d).

b) Ungleicher Modul. Für die Berechnung der Zähnezahlen bei ungleichem Modul muß von dem Achsenabstand ausgegangen werden, da die Zahnsummen jetzt verschieden werden. Zwei Räderpaare mit Außenverzahnung haben z. B. die Übersetzung 2,5 und 3, wobei für das erstere Räderpaar $m = 3$, für das zweite jedoch $m = 4$ ist.

	$\dfrac{z_1}{z_2}$	$\dfrac{z_3}{z_4}$	
Übersetzung i	$\dfrac{2,5}{1}$	$\dfrac{3}{1}$	
Summenzahl . . . . s	3,5	4	
Modul . . . . m	3	4	
Kleinste Zähnezahl gewählt z_{min}		20	muß für das größte s eingesetzt werden
Dann wäre . . . . z_4		60	
Mindestachsenabstand . . A_{min}		160	$= \dfrac{m}{2}(z_3 + z_4)$
Gewählter Achsenabstand . A	168		$A = 3,5 \cdot 3 \cdot 4 \cdot 4 (s_1 m_1 s_2 m_2),$ wobei $A \geqq A_{min}$
Zahnsumme . . . . S	211	84	$S = 2A/m$
Einheit . . . . e	32	21	S/s
Zähnezahlen . . . . $\dfrac{z_a}{z_b}$	$\dfrac{80}{32}$	$\dfrac{63}{21}$	

31. Drehzahlberechnung an Grundgetrieben. Ist die Antriebsdrehzahl n_a gegeben, aus der eine Reihe von Abtriebsdrehzahlen erzeugt werden soll, deren höchste immer mit n_g bezeichnet sei, so bestehen für die Zähnezahlen der einzelnen Räderpaare die Drehzahlverhältnisse und die Summengleichung (unter der Voraussetzung, daß die Räder mit dem gleichen Modul ausgeführt werden). Für ein dreistufiges Getriebe nach Abb. 33 verhalten sich demnach: $n_3/n_a = z_1/z_2$; $n_2/n_a = z_3/z_4$; $n_1/n_a = z_5/z_6$ und $z_1 + z_2 = z_3 + z_4 = z_5 + z_6$. Diese Gleichungen sind nur aufzulösen, wenn eine Zähnezahl z. B. z_1 angenommen wird. Für geometrisch gestufte Getriebe besteht jedoch noch die Beziehung $n_2 = n_3/\varphi$ und $n_1 = n_3/\varphi^2$. Mit diesen Werten erhält man $z_3/z_4 = n_3/(n_a \varphi)$ und $z_5/z_6 = n_2/(n_a \varphi^2)$. Setzt man das Verhältnis n_3/n_a oder allgemein

$$n_g/n_a = a = \text{Antriebsziffer},$$

so nehmen die Gleichungen die Form an $z_1/z_2 = a$; $z_3/z_4 = a/\varphi$; $z_5/z_6 = a/\varphi^2$. Demnach sind in dem Getriebe sämtliche Größen festgelegt, wenn a und φ gegeben sind.

32. Aufbaupläne und Drehzahlbilder. Die Gesetzmäßigkeit im Aufbau der Getriebe wird besonders klar, wenn man nach GERMAR (2) das Drehzahlbild aufzeichnet. Bei dieser Darstellung werden die Wellen I und II durch logarithmische Leitern in beliebigem Abstand dargestellt, auf denen die Wellendrehzahlen einzutragen sind (Abb. 53). Die Abstände n_1 bis n_2, n_2 bis n_3 und n_3 bis n_4 sind gleich groß, und zwar gleich $\lg\varphi$. Ist also nur die höchste Drehzahl und φ gegeben, so lassen sich die übrigen Drehzahlen schnell finden, wenn man den $\lg\varphi$ in den Stechzirkel nimmt und diese Strecke in der gewünschten Anzahl abträgt. Verbindet man dann den Punkt n_a auf der treibenden Welle I mit den vier Punkten n_1, n_2, n_3 und n_4 auf der getriebenen Welle II, so stellen diese Verbindungsgeraden die Räderübersetzungen dar. Die größenmäßige Bestimmung der Übersetzung liefert der waagerechte Abstand der Punkte n_1; n_2; n_3; n_4 von dem Punkte n_a.

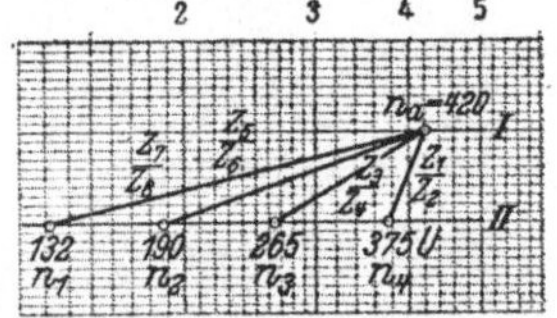

Abb. 53. Drehzahlbild für ein Grundgetriebe mit 4 Stufen.

Der Punkt n_a wird daher auch zweckmäßig auf Welle II nochmals eingezeichnet. Damit ist die Möglichkeit gegeben, die Getriebe zeichnerisch zu berechnen. Benutzt man hierzu — was bei häufigen Rechnungen zu empfehlen ist — das im Handel käufliche, einfach logarithmische Papier (z. B. SCHLEICHER und SCHÜLL, Düren Nr. 369½:7), so ist die Genauigkeit der zeichnerischen Lösung hinreichend, da ja bei den Übersetzungsberechnungen durch die Wahl der Zähnezahlen doch immer nur eine Annäherung erreicht wird. Dieser zeichnerische Weg, der auch im folgenden oft benutzt wird, ist übersichtlich und führt schnell zum Neuentwurf eines Getriebes.

10. Beispiel. Es sind die Übersetzungen für ein vierstufiges Zweiwellengetriebe zu berechnen bei $n_a = 420$, $n_4 = 375$, $\varphi = 1{,}41$.

Lösung. Die Aufgabe soll zunächst zeichnerisch gelöst werden (Abb. 53). Man zeichnet auf Welle bzw. Leiter I $n_a = 420$ ein, auf Welle II $n_4 = 375$. Nimmt man nun $\lg\varphi$ in den Zirkel, so findet man $n_3 = 265$, $n_2 = 188$, $n_1 = 132$. Die waagerechten Abstände liefern dann die Räderverhältnisse: $z_1/z_2 = a = 1/1{,}12$; $z_3/z_4 = 1/1{,}58$; $z_5/z_6 = 1/2{,}21$; $z_7/z_8 = 1/3{,}18$. Rechnerisch findet man $375/420 = 1/1{,}12$. Dann wird $z_1/z_2 = a = 1/1{,}12$; $z_3/z_4 = a/\varphi^2 = 1/1{,}12 \cdot 1/1{,}41 = 1/1{,}58$; $z_5/z_6 = a/\varphi^3 = 1/2{,}24$; $z_7/z_8 = a/\varphi^3 = 1/3{,}16$.

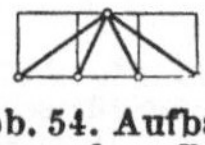

Im Gegensatz zum Drehzahlbild werden bei dem Aufbaunetz die Drehzahlen und Übersetzungen nicht größenmäßig, sondern nur in ihrer gesetzmäßigen Abhängigkeit dargestellt, wobei die Waagerechten die Wellen und die Abstände der Senkrechten den Stufensprung angeben. Für das Drehzahlbild Abb. 53 zeigt Abb. 54 das Aufbaunetz.

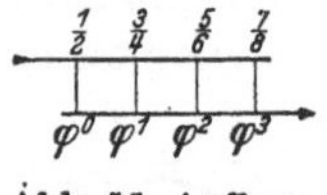

Abb. 54. Aufbaunetz zu dem Drehzahlbild Abb. 53.

Eine andere Darstellungsform sind die Aufbaupläne nach BENEDICK[1].

Abb. 55 zeigt einen solchen Plan für das Getriebe nach Abb. 53. Getriebe mit Normdrehzahlen können hiernach und an Hand von Tabellen berechnet werden: Verfahren von SCHÖPKE-WALLICHS (1).

Abb. 55. Aufbauplan zu einem Grundgetriebe mit 4 Stufen nach Abb. 34.

33. Berechnung und Darstellung von Dreiwellengetrieben. Zeichnet man zu dem einfachsten Dreiwellengetriebe mit $2 \cdot 2 = 4$ Drehzahlen, Abb. 35/36, das Aufbaunetz, so erhält man Abb. 56, in dem die Antriebsdrehzahl n_a auf der Leiter I 2 Drehzahlen auf Leiter II und schließlich die 4 Enddrehzahlen auf Welle III erzeugt werden. Die Zwischendrehzahlen n_{II_1} und n_{II_2} können aber nicht beliebig festgelegt werden. Man erhält die Berechnungsgleichungen

---

[1] BENEDICK. Theorie und Bestimmung der Zähnezahlen in Getrieben mit geometrisch abgestuften Drehzahlen, Z. VDI (1930), S. 1057.

$$\text{a) } n_4 = \frac{z_1 z_5}{z_2 z_6} n_a, \quad \text{b) } n_3 = \frac{n_4}{\varphi} = \frac{z_1 z_7}{z_2 z_8}, \quad \text{c) } n_2 = \frac{n_4}{\varphi^2} = \frac{z_3 z_5}{z_4 z_6}, \quad \text{d) } n_1 = \frac{n_4}{\varphi^3} = \frac{z_3 z_7}{z_4 z_8}$$

dividiert man n_4/n_2, so erhält man $\dfrac{n_4\,\varphi^2}{n_4} = \dfrac{z_1 z_5}{z_2 z_6} n_a \Big/ \left(\dfrac{z_3 z_5}{z_4 z_6} n_a\right)$ oder $\varphi^2 = \dfrac{z_1}{z_2}\Big/\dfrac{z_3}{z_4}$

und bei n_4/n_3 wird entsprechend $\varphi = \dfrac{z_5}{z_6}\Big/\dfrac{z_7}{z_8}$ oder $z_1/z_2 = \varphi^2 z_3/z_4$ und $z_5/z_6 = \varphi z_7/z_8$.

Auch die Zwischendrehzahlen sind demnach geometrisch gestuft, wobei der Stufensprung eine ganzzahlige Potenz des gegebenen Stufensprunges φ des Ge-samtgetriebes ist, im vorstehenden also $\varphi_{II} = \varphi^2$.

Das Aufbaunetz für ein Getriebe nach Abb. 35 läßt sich aber auch anders entwerfen (Abb. 57). z_5/z_6 und z_7/z_8 überschneiden sich jetzt. Für den Sprung der Zwischendrehzahlen folgt aus

$$\text{a) } \frac{z_1 z_5}{z_2 z_6} = a, \quad \text{b) } \frac{z_3 z_5}{z_4 z_6} = \frac{a}{\varphi}, \quad \text{c) } \frac{z_1 z_7}{z_2 z_8} = \frac{a}{\varphi^2}, \quad \text{d) } \frac{z_3 z_7}{z_4 z_8} = \frac{a}{\varphi^3}$$

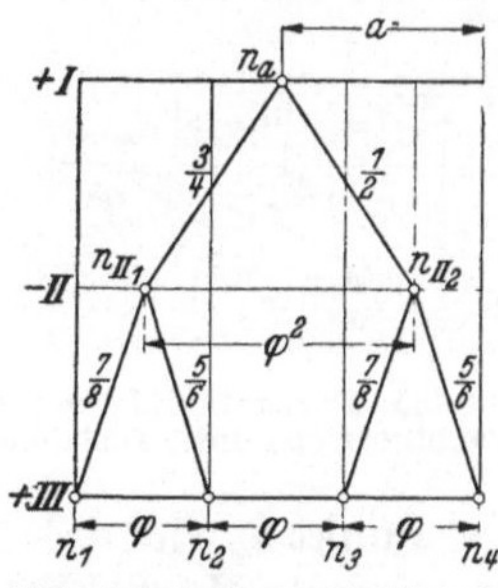

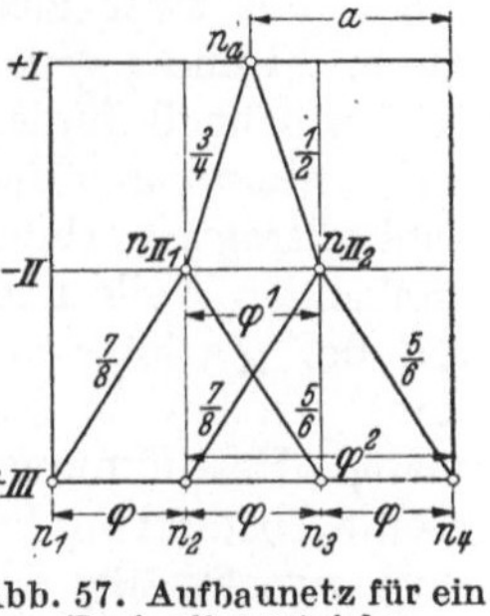

Abb. 56. Aufbaunetz für ein Dreiwellengetriebe mit 4 Stufen nach Abb. 35.

Abb. 57. Aufbaunetz für ein Dreiwellengetriebe mit 4 Stufen.

durch Division der Gleichung a) durch b) oder c) durch d): $z_1/z_2 = \varphi\, z_3/z_4$. Außerdem aber bei Division der Gleichung a) durch c) oder b) durch d): $z_5/z_6 = \varphi^2 z_7/z_8$, d. h. umgekehrt wie bei dem Aufbaunetz Abb. 56 sind jetzt die Zwischendrehzahlen mit $\varphi_{II} = \varphi$ gestuft und z_5/z_6 und z_7/z_8 mit φ^2. Das zu dem Aufbaunetz Abb. 57 gehörige Getriebe zeigt die gleiche Anordnung wie das Getriebe Abb. 35, nur daß die Größen der Übersetzungen und damit der Räder anders würden.

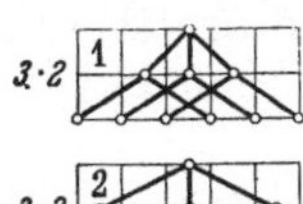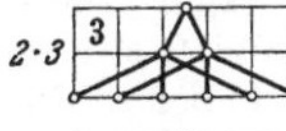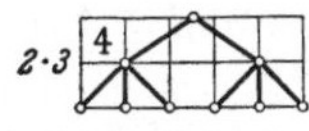

Abb. 58. Aufbaunetze für sechsstufige Dreiwellengetriebe.

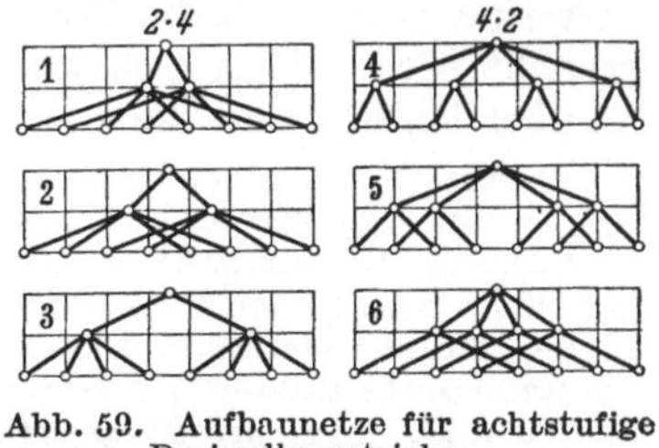

Abb. 59. Aufbaunetze für achtstufige Dreiwellengetriebe.

Weitere Möglichkeiten für ein vierstufiges Getriebe $4 = 2 \cdot 2$ bestehen nicht. Für die sechsstufigen Getriebe ergeben sich aus dem Zusammenbau eines drei- und eines zweistufigen Grundgetriebes, je nachdem ob das drei- oder zweistufige Getriebe vorgeschaltet ist, also $3 \cdot 2$ oder $2 \cdot 3$, insgesamt vier Möglichkeiten (Abb. 58). Bei dem achtstufigen folgen aus $2 \cdot 4$ oder $4 \cdot 2$ sechs verschiedene Möglichkeiten (Abb. 59), bei dem neunstufigen nur zwei aus $3 \cdot 3$ (Abb. 60) usf.

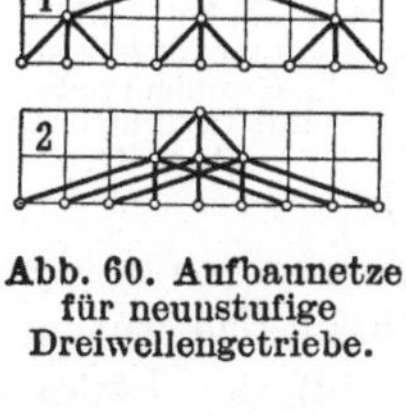

Abb. 60. Aufbaunetze für neunstufige Dreiwellengetriebe.

11. Beispiel. Es sollen die Übersetzungen für ein sechsstufiges Getriebe nach Anordnung 4 berechnet werden bei $n_a = 600$, $n_6 = 530$; $\varphi = 1{,}41$.

Lösung. Ein Verhältnis muß gewählt werden, damit alle anderen festliegen. Es soll sein $z_1/z_2 = 1$. Um nun die übrigen Verhältnisse für die einzelnen Räderpaare zu finden, stellt man für die verschiedenen Gänge die Gleichungen auf: $\dfrac{z_1}{z_2} \cdot \dfrac{z_5}{z_6} = a$, da $z_1/z_2 = 1$ wird $z_5/z_6 = a$

$= 530/600 = 1/1{,}13$. Die nächst niedrigere Drehzahl n_6/φ wird erreicht durch $\dfrac{z_1}{z_2} \cdot \dfrac{z_7}{z_8} = \dfrac{a}{\varphi}$,

$z_7/z_8 = 1/1{,}13 \cdot 1{,}41 = 1/1{,}6$; für $n_4 = n_6/\varphi^2$ folgt $\dfrac{z_1}{z_2} \cdot \dfrac{z_9}{z_{10}} = \dfrac{a}{\varphi^2}$, $z_9/z_{10} = 1/1{,}13 \cdot 2 = 1/2{,}26$.

Die Drehzahl $n_3 = n_6/\varphi^3$ geht über $(z_3/z_4)(z_5/z_6) = 1/\varphi^3$, da $z_5/z_6 = a$ wird $z_3/z_4 = 1/\varphi^3 = 1/2{,}82$. Damit sind alle Übersetzungen bestimmt. Das gleiche Ergebnis erreicht man auf zeichnerischem Wege, Abb. 61, die maßstäblich den Aufbau des Getriebes zeigt. Nach Eintragung der Drehzahlen zieht man zunächst für $z_1/z_2 = 1$ die Senkrechte und erhält so die eine Zwischendrehzahl. Diese wird dann mit n_6 verbunden sowie mit n_5 und n_4. Die andere Zwischendrehzahl findet man, indem man rückwärts durch n_3 die Parallele zu z_5/z_6 zieht. Im unteren Teil dieser Abb. 61 sind nochmals zur Verdeutlichung der obigen Rechnung die waagerechten Abstände, d. h. die Übersetzungen eingezeichnet.

Das Gesetz, daß auch die Zwischendrehzahlen geometrisch gestuft sind, wobei der Stufensprung durch eine Potenz des Stufensprunges des Gesamtgetriebes an-

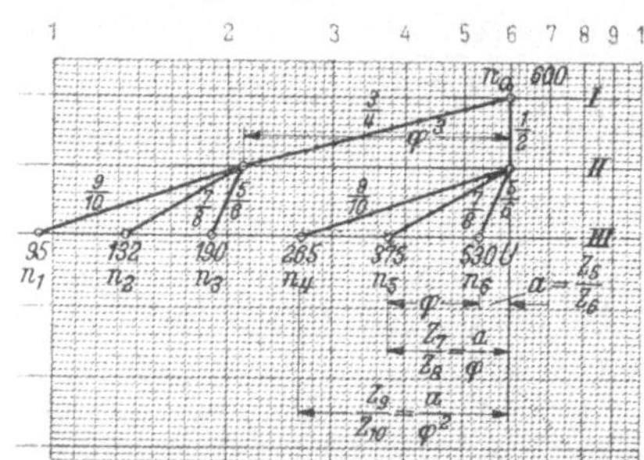

Abb. 61. Drehzahlbild für eine sechsstufiges Dreiwellengetriebe.

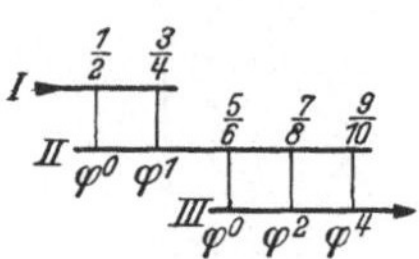

Abb. 62. Aufbauplan für ein sechsstufiges Dreiwellengetriebe.

gegeben werden kann, führt zu einer weiteren Darstellung der Getriebe (BENEDICK, SCHÖPKE). Die Exponenten bilden eine arithmetische Reihe. Das sechsstufige Getriebe nach Abb. 61 wird durch einen Plan nach Abb. 62 dargestellt. Der Unterschied der Exponenten sei in der ersten Gruppe immer gleich eins (hier 0—1). Um für die folgende Gruppe den Unterschied zu finden, multipliziert man diese Zahl (hier also eins) mit der Anzahl der Räderpaare (hier zwei) und erhält dann die Stufung der nächsten Gruppe hier $1 \cdot 2 = 2$, also φ^0—φ^2—φ^4. Als erster Exponent jeder Gruppe wird immer 0 eingesetzt, so daß die Übersetzung $\varphi^0 = 1$ wäre. Wird das Getriebe dann mit irgend einer anderen Übersetzung für das erste Räderpaar ausgeführt, so müssen auch die anderen Übersetzungen dieser Gruppe mit dem Wert multipliziert werden.

34. Berechnungen gebundener Dreiwellengetriebe werden in gleicher Weise durchgeführt wie die der freien Getriebe. Man hat nur zu beachten, daß man nach Wahl einer Zahnsumme für die Räder des ersten Teilgetriebes die Räder des zweiten Getriebes nicht mehr beliebig wählen kann. Die Schwierigkeiten, besonders bei den doppelt gebundenen Getrieben, geeignete Zähnezahlen zu finden, führen oft zu langwierigem Probieren. Nach den in den Arbeiten von KRYSPIN-EXNER[1] und SCHÖPKE[2] aufgestellten Sätzen lassen sich jedoch auch diese Getriebe berechnen.

GERMAR entwickelt aus den Gleichungen für die Räderverhältnisse für die Berechnung der vierstufigen doppeltgebundenen Getriebe (Abb. 38) für das Räderverhältnis z_1/z_2 eine Gleichung, die nur a und φ enthält:

$$\frac{z_1}{z_2} = \varphi - a\left(1 + \frac{1}{\varphi}\right). \tag{28}$$

Für die übrigen Räder ergeben sich dann die Gleichungen:

$$\frac{z_4}{z_5} = \frac{1}{\varphi^2} \cdot \frac{z_1}{z_2}; \quad \frac{z_5}{z_6} = \frac{a \cdot z_2}{z_1}; \quad \frac{z_2}{z_3} = \frac{1}{\varphi} \cdot \frac{z_5}{z_6}.$$

Sind demnach bei einem vierstufigen Getriebe a und φ gegeben, so kann man das Verhältnis z_1/z_2 berechnen, wenn man das Getriebe doppelt gebunden ausführen will. Nach Berechnung der übrigen Verhältnisse muß dann eine Zähnezahl angenommen werden, und zwar zweckmäßig die kleinste, hier die des Rades 4, da bei z_4/z_5 die Übersetzung am größten wird.

Es läßt sich aber nicht jedes Getriebe gebunden ausführen. Die Zähnezahlen werden oft zu groß. Nimmt man wie bisher die Werte 4:1 und 1:2 als Grenz-

[1] KRYSPIN-EXNER, Stufenrädergetriebe, Werkstattstechnik, Bd. 19 (1925). S. 757.
[2] SCHÖPKE, Doppelt gebundene Zahnradwechselgetriebe kleiner Abmessungen. Maschb. Betrieb (1939), Heft 5/6, S. 145.

übersetzungen an, so läßt sich das Getriebe nur ausführen, wenn die Bedingungsgleichungen erfüllt werden:

$$a \geq \frac{\varphi^2}{5+\varphi} \geq \frac{\varphi-2}{1+\dfrac{1}{\varphi}} \quad \text{und} \quad a \leq \frac{\varphi^2(4-\varphi)}{4(\varphi+1)} \leq \frac{2\varphi^2}{3\varphi+2}. \tag{29}$$

Ähnlich werden auch die sechsstufigen doppeltgebundenen Getriebe (Abb. 39) berechnet. Die Gleichungen lauten hier:

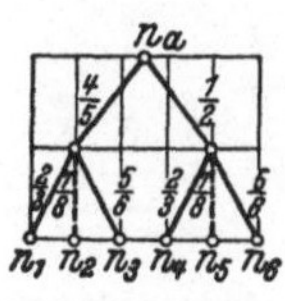

Abb. 63. Aufbaunetz des doppelt gebundenen III/6-Getriebes.

$$\frac{z_1}{z_2} = \varphi(\varphi+1) - \frac{a}{\varphi^2}\frac{(\varphi^3-1)}{(\varphi-1)}. \tag{30}$$

Nach Abb. 63 folgt dann für die übrigen Räderverhältnisse:

$$\frac{z_4}{z_5} = \frac{z_1}{z_2} \cdot \frac{1}{\varphi^3}; \quad \frac{z_5}{z_6} = \frac{a}{\dfrac{z_1}{z_2}}; \quad \frac{z_2}{z_3} = \frac{1}{\varphi^2} \cdot \frac{z_5}{z_6}; \quad \frac{z_7}{z_8} = \frac{1}{\varphi}\frac{z_5}{z_6}.$$

Berechnet wird nunmehr wie bei dem vierstufigen Getriebe. Die Bedingung für die Ausführbarkeit ist hier:

$$a \geq \varphi^3\frac{\varphi^2-1}{\varphi^3+4\varphi-5} \geq \psi^2\frac{\varphi^3-3\varphi+2}{\varphi^3-1}, \quad a \leq 2\varphi^3\frac{\varphi^2-1}{3\varphi^3-\varphi^2-2} \leq \varphi^3\frac{\varphi^3+5\varphi^2-4}{\varphi^3-1}. \tag{31}$$

Die Räder 7 und 8 sind ungebunden. Unter Berücksichtigung des Achsabstandes und der Übersetzung kann man ihre Zähnezahlen frei wählen.

Der Aufbau der neunstufigen Getriebe ist in Abb. 40 und die Schaltungen in Abb. 64 und 65 gezeigt. Auch hier ist ein gebundenes Rumpfgetriebe mit den Räderketten 1 — 2 — 3 und 4 — 5 — 6 gegeben. Ungebunden sind die Räder 7 — 8 und 9 — 10. Je nachdem die Räderübersetzung $\dfrac{z_7}{z_8}$ zur Erzeugung der niederen (Abb. 64) oder der höheren Drehzahlen (Abb. 65) benutzt wird, ergeben sich zwei verschiedene Aufbaunetze. In diesen Aufbaunetzen sind die gebundenen Übersetzungen stark, die ungebundenen gestrichelt ausgezogen. Die gebundenen Rumpfgetriebe haben den gleichen Aufbau wie bei den sechsstufigen Getrieben. Die Gleichung (30), wie die Ansätze für die übrigen Räderpaare gelten auch hier, wenn man in Gleichung (30) bei dem Aufbaunetz der Abb. 65 statt der Antriebsziffer a des Gesamtgetriebes die Antriebsziffer a_R des Rumpfgetriebes einsetzt.

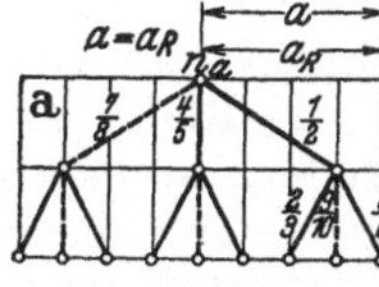

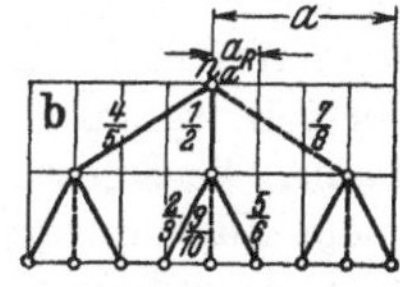

Abb. 64.   Abb. 65.

Abb. 64/65. Aufbaunetze für doppelt gebundenes III/9-Getriebe.

Es gelten auch weiterhin die Bedingungsgleichungen (31). Für die Räder $\dfrac{z_7}{z_8}$ und $\dfrac{z_9}{z_{10}}$ folgt aus Abb. 64

$$\frac{z_7}{z_8} = \frac{1}{\varphi^3} \cdot \frac{z_4}{z_5}; \quad \frac{z_9}{z_{10}} = \frac{1}{\varphi} \cdot \frac{z_5}{z_6} \quad \text{und aus Abb. 65} \quad \frac{z_7}{z_8} = \varphi^3 \cdot \frac{z_1}{z_2}; \quad \frac{z_9}{z_{10}} = \frac{1}{\varphi} \cdot \frac{z_5}{z_6}.$$

Infolge der größeren Übersetzungen sind hier nur noch Normgetriebe mit $\varphi = 1{,}12$; $1{,}25$ und nur ein Getriebe mit $\varphi = 1{,}4$ ausführbar.

Bei der Berechnung gebundener Getriebe ist das zeichnerische Verfahren nicht brauchbar (s. Beispiel 21).

12. Beispiel. Für das Getriebe nach Beispiel 11 sollen die Zähnezahlen so berechnet werden, daß das Getriebe als ein einfach gebundenes ausgeführt wird ($z_2 = z_5$).

Lösung. Es werden zunächst für das erste Grundgetriebe mit den Zahnrädern 1...4 die Zähnezahlen nach linksstehendem Muster bestimmt. Für das zweite Grundgetriebe wird nun $z_2 = z_5 = 44$ Zähne. Aus der Über-

$\dfrac{z_1}{z_2}$	$\dfrac{z_3}{z_4}$
$\dfrac{1}{1}$	$\dfrac{1}{2{,}82}$
$\dfrac{44}{44}$	$\dfrac{23}{65}$

(Zwischenwert 88)

$\dfrac{z_5}{z_6}$	$\dfrac{z_7}{z_8}$	$\dfrac{z_9}{z_{10}}$
$\dfrac{1}{1{,}13}$	$\dfrac{1}{1{,}6}$	$\dfrac{1}{2{,}26}$
$\dfrac{44}{50}$	$\dfrac{36}{58}$	$\dfrac{29}{65}$

setzung $z_5/z_6 = 1/1{,}13$ folgt dann $z_6 = 1{,}13 \cdot z_5 = 1{,}13 \cdot 44 \approx 50$. Damit wird die Zahnsumme für das zweite Grundgetriebe $S_2 = 44 + 50 = 94$. Hieraus und aus den Gleichungen für die Übersetzungen können jetzt die Zähnezahlen $z_5 \ldots z_{10}$ (siehe rechtsstehend) bestimmt werden.

35. Berechnung der Mehrwellengetriebe. In Abb. 66 sind die möglichen Aufbaunetze mit 8 Enddrehzahlen gezeichnet. Entsprechend ergeben sich die Aufbaunetze der zwölf- und mehrstufigen Getriebe. Für die Berechnung sind an Hand der Wege des Aufbaunetzes die Gleichungen aufzustellen. So ergebe sich für ein zwölfstufiges Getriebe das Aufbaunetz (Abb. 67) mit $2 \cdot 3 \cdot 2 = 12$ Stufen. Zwischen den Wellen I bis III mit den Rädern $1 \cdots 10$ ist ein III/6 Getriebe eingebaut, dessen Drehzahlen durch die Räderpaare $11 \cdots 12$ und $13 \cdots 14$ verdoppelt werden.

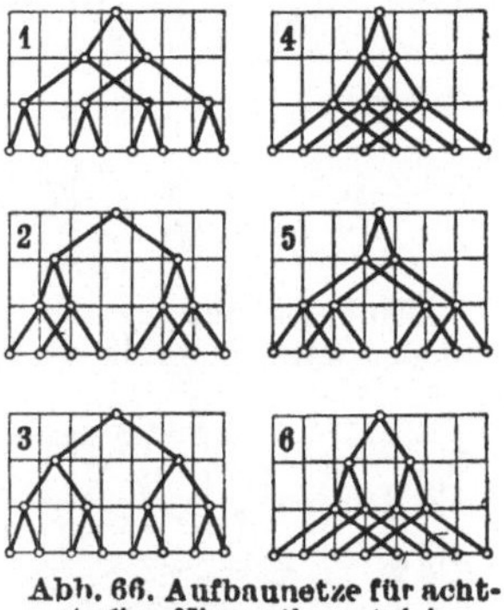

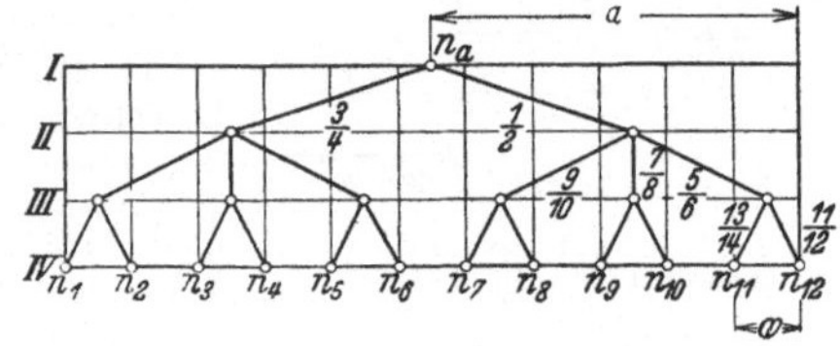

$$n_{12} \quad \text{a)} \quad \frac{z_1\, z_5\, z_{11}}{z_2\, z_6\, z_{12}} = a, \qquad\qquad n_6 \quad \text{g)} \quad \frac{z_3\, z_5\, z_{11}}{z_4\, z_6\, z_{12}} = \frac{a}{\varphi^6},$$

$$n_{11} \quad \text{b)} \quad \frac{z_1\, z_5\, z_{13}}{z_2\, z_6\, z_{14}} = \frac{a}{\varphi}, \qquad\qquad n_5 \quad \text{h)} \quad \frac{z_3\, z_5\, z_{13}}{z_4\, z_6\, z_{14}} = \frac{a}{\varphi^7},$$

$$n_{10} \quad \text{c)} \quad \frac{z_1\, z_7\, z_{11}}{z_2\, z_8\, z_{12}} = \frac{a}{\varphi^2}, \qquad\qquad n_4 \quad \text{i)} \quad \frac{z_3\, z_7\, z_{11}}{z_4\, z_8\, z_{12}} = \frac{a}{\varphi^8},$$

$$n_9 \quad \text{d)} \quad \frac{z_1\, z_7\, z_{13}}{z_2\, z_8\, z_{14}} = \frac{a}{\varphi^3}, \qquad\qquad n_3 \quad \text{k)} \quad \frac{z_3\, z_7\, z_{13}}{z_4\, z_8\, z_{14}} = \frac{a}{\varphi^9},$$

$$n_8 \quad \text{e)} \quad \frac{z_1\, z_9\, z_{11}}{z_2\, z_{10}\, z_{12}} = \frac{a}{\varphi^4}, \qquad\qquad n_2 \quad \text{l)} \quad \frac{z_3\, z_9\, z_{11}}{z_4\, z_{10}\, z_{12}} = \frac{a}{\varphi^{10}},$$

$$n_7 \quad \text{f)} \quad \frac{z_1\, z_9\, z_{13}}{z_2\, z_{10}\, z_{14}} = \frac{a}{\varphi^5}, \qquad\qquad n_1 \quad \text{m)} \quad \frac{z_3\, z_9\, z_{13}}{z_4\, z_{10}\, z_{14}} = \frac{a}{\varphi^{11}}.$$

Abb. 66. Aufbaunetze für achtstufige Vierwellengetriebe.

Dividiert man die Gleichungen a) durch g), so folgt $z_1/z_2 : z_3/z_4 = \varphi^6 = \varphi_{II}$,

,, ,, ,, ,, a) ,, c), ,, ,, $z_5/z_6 : z_7/z_8 = \varphi^2 = \varphi_{III}$,

,, ,, ,, ,, c) ,, e), ,, ,, $z_7/z_8 : z_9/z_{10} = \varphi^2 = \varphi_{III}$,

,, ,, ,, ,, a) ,, b), ,, ,, $z_{11}/z_{12} : z_{13}/z_{14} = \varphi = \varphi_{IV}$

Hieraus erkennt man wieder, daß die Zwischendrehzahlen geometrisch gestuft sind. Weiterhin wird aus dieser Aufstellung deutlich, daß nach Wahl zweier Übersetzungen sämtliche anderen Übersetzungen festliegen, wenn a und φ gegeben sind. Man erkennt aber auch, daß die Ausführungsmöglichkeit dieser Getriebe wegen der großen Spanne zwischen den Übersetzungen begrenzt ist.

Bei dem vorliegenden Getriebe wird bei z_1/z_2 und z_3/z_4 eine Spanne von φ^6 verlangt. Da der zu überspannende Bereich höchstens 8 sein kann — wegen Grenzübersetzungen $1:2$ und $4:1$ —, so folgt hieraus, daß

Abb. 67. Aufbaunetz eines zwölfstufigen Vierwellengetriebes.

die Größe von φ begrenzt ist. Da $\varphi^6{}_{max} = 8$, wird $\varphi_{max} = \sqrt[6]{8} = 1{,}41$. Dieses φ_{max} wird aber nur erreicht bei der günstigsten Lage der Antriebsdrehzahl. Will man diese Getriebe mit einem größeren Stufensprung ausführen oder aber liegt — was meistens der Fall ist — die Antriebsdrehzahl ungünstig, so muß man die fraglichen Übersetzungen nicht aus 2, sondern aus 4 Rädern ausführen. Dadurch wird der Bereich der Getriebe bedeutend erweitert. Bei der Zufügung eines weiteren Räderpaares ist auf den Drehsinn zu achten. In Abb. 42, dem in Beispiel 13 behandelten Getriebe, muß z. B. ein Zwischenrad 16 eingeschaltet werden.

13. Beispiel. Es sind die Übersetzungen eines IV/12-Getriebes wie in Abb. 42 zu berechnen. $n_a = 750$, $n_{12} = 750$, $\varphi = 1{,}41$.

Lösung. Der Aufbau dieses Getriebes besteht aus einem III/6-Getriebe, dessen Enddrehzahlen durch ein II/2 verdoppelt werden.

Zur rechnerischen Lösung wird das gewählte Aufbaunetz des Getriebes gezeichnet (Abb. 68). Es ergeben sich dann für den vorliegenden Fall die Gleichungen (in anderer Schreibweise):

$$
\begin{aligned}
n_{12}:\ \text{a)}\ & \left.\frac{z_1}{z_2}\right\}\ \left.\frac{z_5}{z_6}\right\} & = a, \qquad\qquad & n_6:\ \text{g)}\ \left.\frac{z_1}{z_2}\right\}\ \left.\frac{z_5}{z_6}\right\} & = \frac{a}{\varphi^6}, \\
n_{11}:\ \text{b)}\ & \left.\frac{z_3}{z_4}\right. & = \frac{a}{\varphi}, \qquad\qquad & n_5:\ \text{h)}\ \left.\frac{z_3}{z_4}\right. & = \frac{a}{\varphi^7}, \\
n_{10}:\ \text{c)}\ & \left.\frac{z_1}{z_2}\right\}\ \left.\frac{z_7}{z_8}\right\}\ \left.\frac{z_{11}}{z_{12}}\right. & = \frac{a}{\varphi^2}, \qquad\qquad & n_4:\ \text{i)}\ \left.\frac{z_1}{z_2}\right\}\ \left.\frac{z_7}{z_8}\right\}\ \frac{z_{13}\,z_{15}}{z_{14}\,z_{17}} & = \frac{a}{\varphi^8}, \\
n_9:\ \text{d)}\ & \left.\frac{z_3}{z_4}\right. & = \frac{a}{\varphi^3}, \qquad\qquad & n_3:\ \text{k)}\ \left.\frac{z_3}{z_4}\right. & = \frac{a}{\varphi^9}, \\
n_8:\ \text{e)}\ & \left.\frac{z_1}{z_2}\right\}\ \left.\frac{z_9}{z_{10}}\right. & = \frac{a}{\varphi^4}, \qquad\qquad & n_2:\ \text{l)}\ \left.\frac{z_1}{z_2}\right\}\ \left.\frac{z_9}{z_{10}}\right. & = \frac{a}{\varphi^{10}}, \\
n_7:\ \text{f)}\ & \left.\frac{z_3}{z_4}\right. & = \frac{a}{\varphi^5}, \qquad\qquad & n_1:\ \text{m)}\ \left.\frac{z_3}{z_4}\right. & = \frac{a}{\varphi^{11}}.
\end{aligned}
$$

Nach Aufstellung der Gleichungen wird a errechnet, hier $a = 1$. Zwei Übersetzungen können dann gewählt werden, die übrigen folgen aus den Gleichungen. Meist wird man die Übersetzungen wählen, die am größten werden, um nicht die Grenzwerte zu überschreiten. Hier wurde, um eine Übersetzung ins Schnelle zu vermeiden, gewählt $z_1/z_2 = 1$ und $z_5/z_6 = 1$. Dann folgt aus Gleichung a) $z_{11}/z_{12} = 1$; aus b) $z_3/z_4 = a/\varphi = 1/1{,}41$; aus c) $z_7/z_8 = a/\varphi^2 = 1/2$ und aus e) $z_9/z_{10} = a/\varphi^4 = 1/4$. Das letzte Räderverhältnis erhält man aus g) $(z_{13}/z_{14}) \cdot (z_{15}/z_{17}) = a/\varphi^6 = 1/8$. Dieses Räderverhältnis kann auf 13—14 und 15—16 nach Maßgabe der baulichen Erfordernisse aufgeteilt werden.

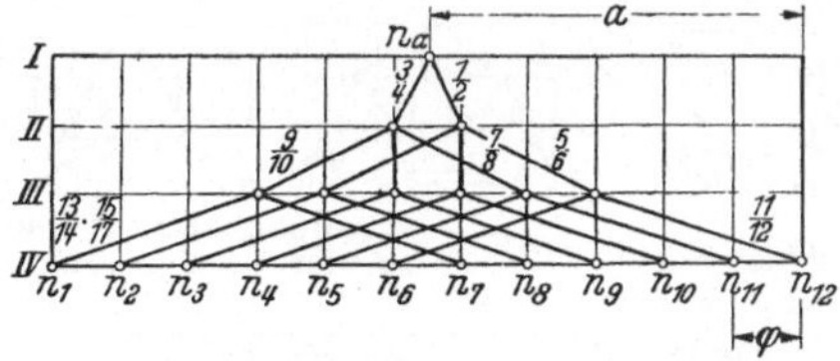

Abb. 68. Aufbaunetz eines zwölfstufigen Vierwellengetriebes.

Abb. 69 zeigt den Aufbauplan zu diesem Getriebe. Der Exponent der Stufung der ersten Gruppe wächst um 1, also 0—1, der der zweiten Gruppe um 2mal 1 = 2, also 0—2—4, der der dritten um 3mal 2 = 6 (3 = Räderpaare, 2 = Exponentensprung des Vorgetriebes). Wird hier die Übersetzung des 1., 3. und 6. Räderpaares wieder mit 1 angenommen, so lassen sich die Übersetzungen der übrigen Räderpaare unmittelbar ablesen.

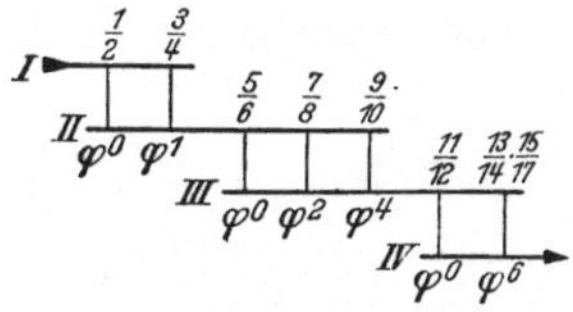

14. Beispiel. Es ist ein Getriebe der Vorgelegeform zu berechnen mit 12 Enddrehzahlen (Aufbau III/4-Getriebe mit doppeltem Vorgelege). $n_{12} = 750$, $n_a = 530$, $\varphi = 1{,}41$ (Abb. 43).

Lösung. Wählt man für das III/4-Getriebe einen Aufbau nach Abb. 57, so ergeben sich bei doppeltem Vorgelege die folgenden Ansatzgleichungen:

Abb. 69. Aufbauplan eines zwölfstufigen Vierwellengetriebes.

1. Vorgelege　　　　　　　　　2. Vorgelege

$$
\begin{aligned}
n_{12}\ \ \text{a)}\ & \frac{z_1\,z_5}{z_2\,z_6} = a & n_8\ \ \text{e)}\ a & \left.\phantom{\frac{z_9\,z_{13}}{z_{10}\,z_{14}}}\right\} = \frac{a}{\varphi^4} & n_4\ \ \text{i)}\ a & \left.\phantom{\frac{z_{11}\,z_{13}}{z_{12}\,z_{14}}}\right\} = \frac{a}{\varphi^8} \\
n_{11}\ \ \text{b)}\ & \frac{z_3\,z_5}{z_4\,z_6} = \frac{a}{\varphi} & n_7\ \ \text{f)}\ b & = \frac{a}{\varphi^5} & n_3\ \ \text{k)}\ b & = \frac{a}{\varphi^9} \\
& & & \left.\frac{z_9\,z_{13}}{z_{10}\,z_{14}}\right. & & \left.\frac{z_{11}\,z_{13}}{z_{12}\,z_{14}}\right. \\
n_{10}\ \ \text{c)}\ & \frac{z_1\,z_7}{z_2\,z_8} = \frac{a}{\varphi^2} & n_6\ \ \text{g)}\ c & = \frac{a}{\varphi^6} & n_2\ \ \text{l)}\ c & = \frac{a}{\varphi^{10}} \\
n_9\ \ \text{d)}\ & \frac{z_3\,z_7}{z_4\,z_8} = \frac{a}{\varphi^3} & n_5\ \ \text{h)}\ d & = \frac{a}{\varphi^7} & n_1\ \ \text{m)}\ d & = \frac{a}{\varphi^{11}}
\end{aligned}
$$

Aus e) : a) folgt n) $\dfrac{z_9\,z_{11}}{z_{10}\,z_{12}} = \dfrac{1}{\varphi^4}$,

„　i) : a)　„　o) $\dfrac{z_{11}\,z_{13}}{z_{12}\,z_{14}} = \dfrac{1}{\varphi^8}$,

„　n) : o)　„　p) $\dfrac{z_9}{z_{10}} = \varphi^4\,\dfrac{z_{13}}{z_{14}}$.

Nimmt man an $z_1/z_2 = 1$, so kann man errechnen aus a) $z_5/z_6 = a$ und aus b) $z_3/z_4 = 1/\varphi$, ferner aus c) $z_7/z_8 = a/\varphi^2$. Da $a = 750/530 = 1{,}41 = \varphi$, so wird $z_5/z_6 = 1{,}41/1$, $z_3/z_4 = 1/1{,}41$, $z_7/z_8 = 1/1{,}41$.

In Abb. 70 ist das Drehzahlbild für dieses Getriebe bei Annahme $z_1/z_2 = 1$ zur zeichnerischen Ermittlung der Übersetzungen maßstäblich gezeichnet. Die Aufteilung der Übersetzungen des Vorgeleges kann auf Grund baulicher Erwägungen bestimmt werden, wesentlich ist nur, daß die Gesamtübersetzung erhalten bleibt.

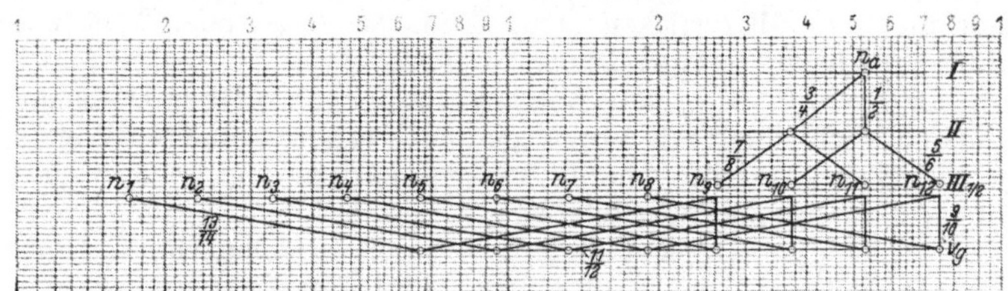

Abb. 70. Drehzahlbild für ein zwölfstufiges Getriebe mit Vorgelege.

36. Rädergetriebe für veränderliche Antriebsdrehzahlen. Wird nicht mit einer gleichbleibenden, sondern mit veränderlicher Drehzahl angetrieben, so sind für den Aufbau nachgeschalteter Räderwechseltriebe einige Gesichtspunkte zu beachten. Als Antriebsarten kommen hier solche in Frage, die mehrere bestimmte D ehzahlen zulassen, z. B. polumschaltbare Drehstrommotoren mit 1500/3000 u. a. Umdrehungen, oder aber solche, die innerhalb eines Bereiches die Einschaltung jeder beliebigen Drehzahl gestatten, z. B. Regelmotore, Reibgetriebe, Zugmittelgetriebe, Flüssigkeitsgetriebe usf. Das nachgeschaltete Getriebe muß so entworfen werden, daß im ersteren Falle eine fortlaufende geometrische Reihe entsteht, während im zweiten Fall innerhalb des Maschinenregelbereiches jede Drehzahl einstellbar sein soll.

Sind im ersteren Fall die Antriebsdrehzahlen z. B. 750/1500 also $n_{a_1} = 750$ und $n_{a_2} = 1500$, so muß $n_{a_2} = \varphi^s n_{a_1}$ oder $\varphi^s = n_{a_2}/n_{a_1}$ gewählt werden. Es würde also $\varphi^s = 1500/750 = 2$. Der Exponent s kann nun gewählt werden: bei $s = 1$ würde $\varphi = \sqrt[1]{2} = 2$, bei $s = 2$ dagegen $\varphi = \sqrt[2]{2} = 1{,}41$, bei $s = 3$ schließlich $\varphi = \sqrt[3]{2} = 1{,}26$ usf. Die Gangzahl g wird dann ein Vielfaches von $2\,s$, wenn sich keine Drehzahl überlagert und die höchstmögliche Gangzahl erzeugt wird. Sind bei den obigen Antriebsdrehzahlen 8 Enddrehzahlen gefordert mit $n_8 = 1050$ und $\varphi = 1{,}41$, so wäre die Drehzahlreihe:

$$\text{aus } n_{a_2}: \; n_8 = 1050; \; n_7 = 750; \qquad n_4 = 265; \; n_3 = 190;$$
$$\text{aus } n_{a_1}: \; n_6 = 525; \; n_5 = 375; \qquad n_2 = 132; \; n_1 = 95.$$

Da nun $n_{a_2}/n_{a_1} = 1500/750 = 2 = \varphi^2$ ist, so muß das Getriebe so entworfen sein, daß die Antriebsdrehzahl $n_{a_2} = 1500$ die Drehzahlen $n_8 - n_7 - n_4 - n_3$ erzeugt. Wird dann die Antriebsdrehzahl $n_{a_1} = 750$ eingeschaltet, so entstehen aus diesen Drehzahlen die Stufen $n_6 - n_5 - n_2 - n_1$, denn $n_6 = n_8/\varphi^2$, $n_5 = n_7/\varphi^2$. Abb. 71 zeigt ein Drehzahlbild dieses Getriebes, wobei das ausgezogene Netz bei $n_{a_2} = 1500$ und das gestrichelte bei $n_{a_1} = 750$ erzeugt wird.

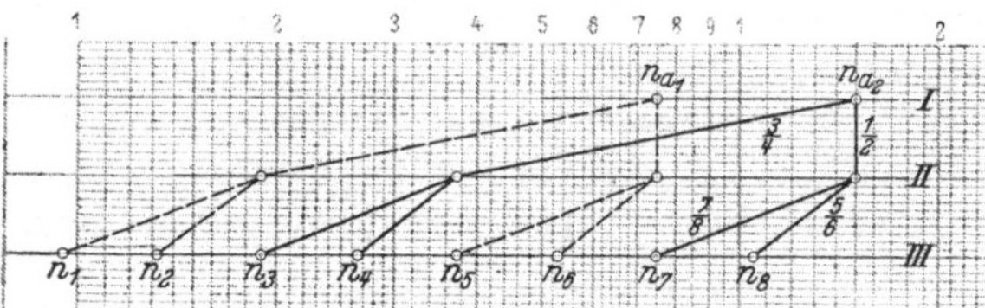

Abb. 71. Drehzahlbild eines vierstufigen Dreiwellengetriebes mit zwei Antriebsdrehzahlen.

Wäre bei den gleichen Antriebsdrehzahlen $\varphi = 1{,}26$ gewählt worden und wären 12 Drehzahlen gefordert, $n_{12} = 950$, so würde die Reihe:

$$\text{aus } n_{a_2}: n_{12} = 950; \; n_{11} = 750; \; n_{10} = 600; \qquad n_6 = 235; \; n_5 = 190; \; n_4 = 150;$$
$$\text{aus } n_{a_1}: n_9 = 475; \; n_8 = 375; \; n_7 = 300; \qquad n_3 = 118; \; n_2 = 95; \; n_1 = 75.$$

Die oberen Drehzahlen erzeugt n_{a_2}, die unteren n_{a_1}, da $n_9 = n_{12}/\varphi^3$ usf. ist. In den Getrieben dieser Art ergeben sich dann oft große Sprünge, die mit einem Räderpaar nicht zu überbrücken sind. Einfache Zwei- oder Dreiwellengetriebe können hier zur Lösung seltener benutzt werden.

Neben der Drehzahl kann am Antriebsmotor auch oft der Drehsinn geändert werden. Durch Verbindung mit Vorgelegen bzw. mit vorgebauten Wendegetrieben kann man dann mit verhältnismäßig wenigen Rädern eine größere Zahl von Abtriebsstufen erreichen (s. a. Beispiel 18).

Bei der stufenlosen Drehzahländerung durch mechanische Getriebe können Drehzahlbereiche bis 8 eingestellt werden; bei Regelmotoren bis etwa 3, bei Flüssigkeitsgetrieben etwa 10. Da der Drehzahlbereich der Werkzeugmaschinen R_{Ma} meist beträchtlich größer ist, so muß ein Räderwechselgetriebe eingebaut werden. Die Zahl der nötigen Gänge g bestimmt sich dann nach

$$g = \lg R_{Ma}/\lg R_A \qquad (32).$$

Ist z. B. $R_{Ma} = 64$ und der Regelbereich des veränderlichen Antriebes $R_A = 4$, so wird $g = 1{,}806/0{,}602 = 3$, also 3 Gänge. Ist die höchste Drehzahl $n_g = 640$, so muß die kleinste $n_k = 640/64 = 10$ sein. Das Getriebe ließe sich verstellen von 640 auf 160 U/min = 1. Stufe, von 160 auf 40 U/min = 2. Stufe und schließlich von 40 auf 10 U/min = 3. Stufe.

Meist wird jedoch eine Überdeckung der einzelnen Regelbereiche verlangt. Bezeichnet man den Überdeckungsgrad mit d_g, so wird nun die Gangzahl

$$g = \frac{\lg R_{Ma} - \lg d_g}{\lg R_A - \lg d_g}. \qquad (33)$$

Ist z. B. bei einer Werkzeugmaschine $R_{Ma} = 40$ und $R_A = 4{,}5$, der Überdeckungsgrad $d_g = 1{,}5$, so wird $g = (1{,}602 - 0{,}176)/(0{,}653 - 0{,}176) \approx 3$. Abb. 72 zeigt, daß die erste Stufe den Bereich der Drehzahlen 10···45 überspannt, die zweite Stufe 30···135, die dritte 90···400. Die Drehzahlen 30···45 und 90···135 sind

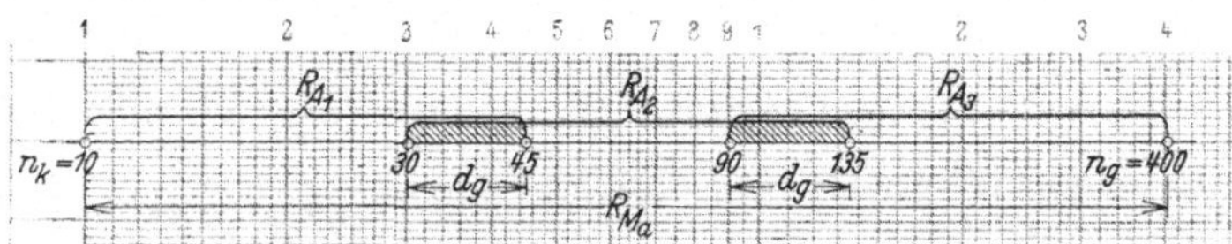

Abb. 72. Stufenlose Drehzahländerung mit Überdeckungen.

überdeckt, und der Überdeckungsgrad ist $d_g = 45/30 = 135/90 = 1{,}5$.

37. Berechnung der Getriebe mit Windungsstufen. Zu dem Getriebe mit einer Windungsstufe und 4 Enddrehzahlen Abb. 45 ist in Abb. 73 das Aufbaunetz gezeichnet. Der Weg bei n_1 ist die sogenannte Windungsstufe. Das Aufbaunetz Abb. 73 ist hierzu so ausgebildet, daß auf den beiden Zwischenleitern die Drehzahlen der Hülsen aufgetragen sind. Bei der Windungsstufe wird zunächst für z_3/z_4 das Stück a/φ auf Leiter H_1 aufgetragen. Von dort nach H_2 muß der Abstand a sein, da die Räder z_1/z_2 die Verbindung herstellen. Dieses Stück muß jetzt jedoch nach der anderen Richtung, also nach links, aufgetragen werden, da die Bewegung um-

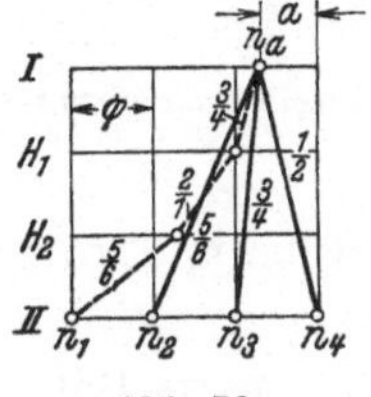

Abb. 73.

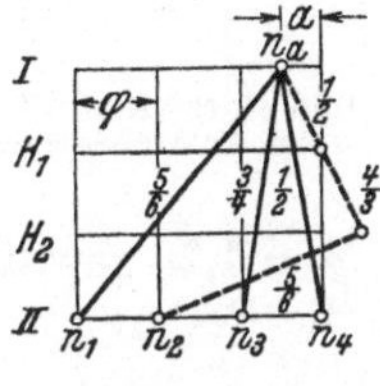

Abb. 74.

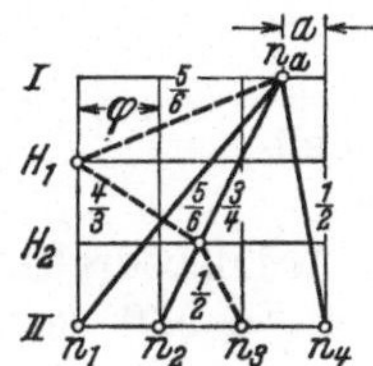

Abb. 75.

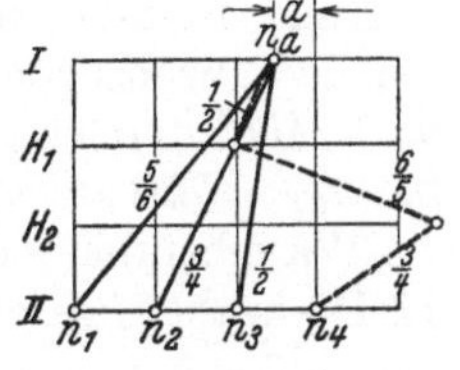

Abb. 76.

Abb. 73...76. Aufbaunetze für Getriebe mit einem Windungsgang bei 4 Enddrehzahlen.

gekehrt von z_2 auf z_1 erfolgt. Schließlich bleibt der Abstand a/φ^2 für das Räderverhältnis z_5/z_6. Aus dem Aufbaunetz folgt dann sofort $z_1/z_2 = a$; $z_3/z_4 = a/\varphi$; $z_5/z_6 = a/\varphi^2$. Demnach erhält man:

$$n_4 = \frac{z_1}{z_2} n_a = a \cdot n_a \qquad\qquad n_2 = \frac{z_5}{z_6} n_a = \frac{a}{\varphi^2} n_a$$

$$n_3 = \frac{z_3}{z_4} n_a = \frac{a}{\varphi} n_a \qquad\qquad n_1 = \frac{z_3}{z_4} \cdot \frac{z_2}{z_1} \cdot \frac{z_5}{z_6} n_a = \frac{a}{\varphi^3} n_a$$

Das ist im übrigen nicht die einzige Möglichkeit für die Ausführung dieses Getriebes. Es kann auch die Drehzahl n_2 durch Windungsstufe erzeugt werden: Abb. 74 zeigt für diesen Fall das Aufbaunetz, aus dem folgt: $z_1/z_2 = a$; $z_3/z_4 = a/\varphi$; $z_5/z_6 = a/\varphi^3$. Für die Windungsstufe wird dann

$$n_2 = \frac{z_1}{z_2} \cdot \frac{z_4}{z_3} \cdot \frac{z_5}{z_6} n_a = \frac{a}{1} \cdot \frac{\varphi}{a} \cdot \frac{a}{\varphi^3} n_a = \frac{a}{\varphi^2} n_a.$$

Selbstverständlich bedingt jede andere Möglichkeit eine entsprechende Ausbildung der Räder. Auch n_3 kann über Windungsstufe erzeugt werden, Abb. 75. Dann wird

$$\frac{z_1}{z_2} = a; \quad \frac{z_3}{z_4} = \frac{a}{\varphi^2}; \quad \frac{z_5}{z_6} = \frac{a}{\varphi^3} \quad \text{und} \quad n_3 = \frac{z_5}{z_6} \frac{z_4}{z_3} \frac{z_1}{z_2} n_4 = \frac{a}{\varphi^3} \cdot \frac{\varphi^2}{a} \cdot \frac{a}{1} = \frac{a}{\varphi} n_a.$$

Schließlich erhält man n_4 über die Windungsstufe, Abb. 76, wenn $z_1/z_2 = a/\varphi$; $z_3/z_4 = a/\varphi^2$; $z_5/z_6 = a/\varphi^3$ und

$$n_4 = \frac{z_1}{z_2} \frac{z_6}{z_5} \frac{z_3}{z_4} n_a = \frac{a}{\varphi} \cdot \frac{\varphi^3}{a} \cdot \frac{a}{\varphi^2} n_a = a \cdot n_a.$$

Für das achtstufige Getriebe nach Abb. 46 liefert das Aufbaunetz, Abb. 77, die Übersetzungen:

$$z_1/z_2 = a; \quad z_3/z_4 = a/\varphi^2; \quad z_5/z_6 = a/\varphi^3; \quad z_7/z_8 = a/\varphi^4.$$

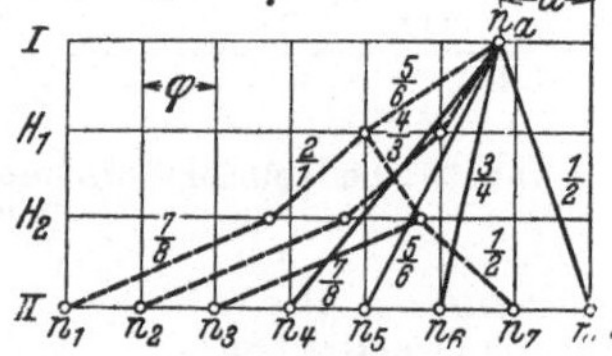

Abb. 77. Aufbaunetz zu dem achtstufigen Getriebe mit 4 Windungsgängen nach Abb. 46.

38. Drehzahlrechnungen an Vorschubgetrieben. In allen Fällen, in denen der Vorschub in mm/min, also als Geschwindigkeit, gemessen wird (wie bei Fräsmaschinen) besitzt er einen besonderen Antrieb oder leitet seine Bewegung von einer Welle des Hauptantriebes ab, deren Drehzahl nicht verändert werden kann. Wird dagegen der Vorschub in mm/U angegeben, wie bei Drehbänken, Bohrmaschinen, so wird das Vorschubgetriebe über Zwischen- oder Wechselräder von der Hauptspindel angetrieben. Die Berechnung dieser Vorschubgetriebe erfolgt nach den gleichen Regeln, wie bei den Hauptgetrieben. Besondere Bedingungen treten bei den Vorschubgetrieben auf, die über die Leitspindel wie bei Drehbänken alle Gewindesteigungen erschließen sollen. Zur Lösung dieser Aufgabe müssen mehrere Getriebe hintereinander geschaltet werden.

15. Beispiel. Für eine Drehbank soll ein Vorschubräderkasten entworfen werden, der gestattet, die genormten Gewindesteigungen für metrisches und Zollgewinde von etwa 2,3 bis 75 mm Durchmesser einzustellen. Die Steigung der Leitspindel beträgt 6 mm (Abb. 78).

Lösung. Aus den Gewindenormen sind folgende metrische Steigungen zu entnehmen:

u	6	5	4,5	4	3,5	3	2,5
$\frac{1}{2}$	(3)	(2,5)	—	2	1,75	1,5	1,25
$\frac{1}{5}$	—	1	0,9	0,8	0,7	0,6	0,5
$\frac{1}{10}$	(0,6)	(0,5)	0,45	0,4	0,35	0,3	0,25

Für Zollgewinde sind die Steigungen (Gangzahl/Zoll)

u	3,5	4	4,5	5	6
$\frac{2}{1}$	7	8	9	10	12

Nicht enthalten sind in dieser Aufstellung die Steigung 0,75, die nur für 4,5 ⌀ und bei Feingewinden gebraucht wird, ferner bei den Zollgewinden 11 Gänge/1″ für das $^5/_8$″ Gewinde. Sonst sind jedoch in dem geforderten Bereich alle Steigungen angeführt.

Die Art der Aufstellung zeigt schon, daß aus einer Grundreihe die übrigen Steigungen mit dem vorstehenden Zähneverhältnis u abzuleiten sind. Die eingeklammerten Werte erscheinen hierbei doppelt.

　　Beim Gewindeschneiden muß nun je Umdrehung der Arbeitsspindel der Werkzeugschlitten durch die Leitspindel um den Betrag der Gewindesteigung verschoben werden. Hat z. B. die Leitspindel die Steigung St_l = 6 mm, so bewegt sich der Schlitten bei einer Umdrehung der Leitspindel um 6 mm vorwärts. Bei der Gewindesteigung St_g = 6 mm müßte dann zwischen der Arbeitsspindel und der Leitspindel u = 1 sein, bei St_g = 5 mm wird u_5 = 1/1,2, bei St_g = 4, u_4 = 1/1,5 usf. Allgemein $u = St_g/St_l$, das durch die Räder hergestellt werden muß.

　　Bei den Zollgewinden ist die Gangzahl a je Zoll gegeben, die Gewindesteigung wird dann $St_g = 1''/a$ und $u = (1''/a) : St_l$. Setzt man hierin z. B. die Gangzahl a = 6 ein, so wird $u_6 = \frac{1}{6}'' : St_l$; bei a = 5 wird $u_5 = \frac{1}{5}'' : St_l$ oder auch, da $1''/5 = 1'' \cdot 1,2/6$, $u_5 = 1'' \cdot 1,2 \cdot St_l/6$. Nun sei der unveränderliche Wert

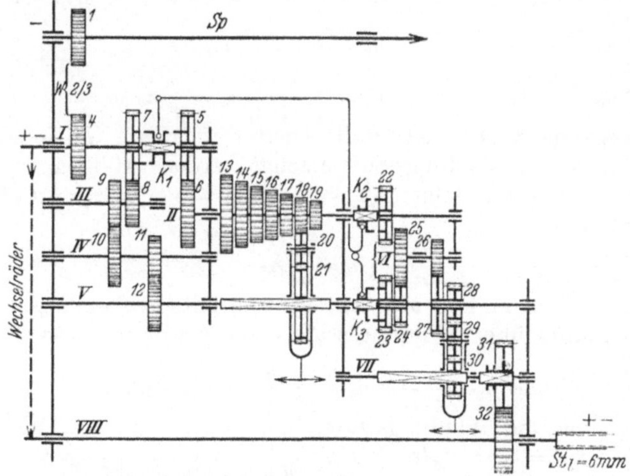

Abb. 78. Leitspindel-Vorschubgetriebe zum Einstellen genormter Gewindesteigungen.

$\frac{1}{6}'' : St_l = c$, also $u_5 = c \cdot 1,2$ und dementsprechend bei 4 Gängen $u_4 = 1,5\,c$. Man erhält so für die Grundreihen

Metrisch .	6	5	4,5	4	3,5	3	2,5
u	$\dfrac{1}{1}$	$\dfrac{1}{1,2}$	$\dfrac{1}{1,33}$	$\dfrac{1}{1,5}$	$\dfrac{1}{1,711}$	$\dfrac{1}{2}$	$\dfrac{1}{2,4}$
Zoll	6	5	4,5	4	3,5		
u	$\dfrac{1\,c}{1}$	$\dfrac{1,2\,c}{1}$	$\dfrac{1,33\,c}{1}$	$\dfrac{1,5\,c}{1}$	$\dfrac{1,711\,c}{1}$		

Bei den Zollgewinden treten also die umgekehrten Übersetzungen wie bei den metrischen Gewinden auf. Aus diesen Überlegungen folgt nunmehr der Aufbau des Getriebeplanes (Abb. 78).

　　a) Abnahme der Bewegung von der Arbeitsspindel Sp durch Räder 1—4, Wechselgetriebe W, als Wendeherz ausgebildet, auf die Welle I. Zähneverhältnis $u = 1$. Von hier: Weg 1 über Wechselräder zur Leitspindel VIII. Kupplung K_1 ausgeschaltet. Weg 2 für metrische Gewinde über 5—6, $u = 1$ zur Welle II. Schließlich Weg 3 für Zollgewinde über Räder 7—8—9—10—11—12 zur Welle V. Diese Räder liefern das unveränderliche Zähneverhältnis $c = 1''/(6 \cdot 6) = 1''/36$. Setzt man für $1''$ den sehr angenäherten

Wert: $\dfrac{9 \cdot 10 \cdot 13 \cdot 49}{37 \cdot 61 \cdot 36}$, so erhält man $c = \dfrac{9 \cdot 10 \cdot 13 \cdot 49}{37 \cdot 61 \cdot 36} = \dfrac{45}{37} \cdot \dfrac{26}{36} \cdot \dfrac{49}{61}$, die als Zähnezahlen gewählt werden.

　　b) Nortongetriebe mit den Übersetzungen der Grundreihe. Auf Welle II sitzen die Räder mit den Zähnezahlen: 60, 50, 45, 40, 35, 30, 25. Rad 21 hat 60 Zähne. Bei metrischen Gewinden geht dann der Weg von II nach V und bei Zollgewinden umgekehrt von V nach II.

　　c) Vervielfältigungsgetriebe mit den Verhältnissen $u = 1,\ 1/2,\ 1/5,\ 1/10$. Bei den besprochenen Getrieben (Abschn. 27, Abb. 51, 52) war die Vervielfältigung quadratisch. Um nun die gewünschte Übersetzung zu erhalten, müssen die Achsabstände verändert werden, wenn man diese Bauart ihrer sonstigen Einfachheit wegen vorzieht. Zähnezahlen z. B. $z_{22} = z_{23} = z_{30}$ = 48; $z_{24} = z_{26} = 24$; $z_{25} = z_{27} = 60$; $z_{28} = 30$. Neben den angegebenen Steigungen werden durch die vorhandenen Räder noch weitere erzeugt, die aber in der Aufgabe nicht gefordert waren. Die Erfordernisse der baulichen Anordnung können noch einige Änderungen bringen.

　　Die beiden fehlenden Steigungen müssen mit Hilfe von Wechselrädern geschnitten werden. Nach Abschnitt 5 ist $St_g/St_l = (z_1/z_2)\,(z_3/z_4)$. Bei St_g = 0,75 wird dann $(z_1/z_2)\,(z_3/z_4)$ = 0,75/6 = 1/8. Nimmt man einen Wechselrädersatz mit Rädern von 5 zu 5, kleinstes Rad 25, größtes Rad 125 Zähne, an, so können die Räder entsprechend ausgewählt werden, z. B. $(z_1/z_2)\,(z_3/z_4)$ = (1/2) · (1/4) = (30/60) · (25/100) oder (45/90) · (30/120) usf.

　　Bei dem zweiten Gewinde — 11 Gänge auf ein Zoll — ist wieder eine Umrechnung von Metrisch- auf Zollgewinde nötig. Meist enthalten die Wechselrädersätze ein Rad mit 127 Zähnen, da 12,7 = $1''/2$. Dann würde hier
$(z_1/z_2)\,(z_3/z_4)$ = 25,4/(11 · 6) = 12,7 · 2/(11 · 2 · 3) = (127/110) · (25/75) oder (127/110) · (40/120) usf.

Ist das 127er Rad nicht vorhanden, so benutzt man eine Annäherung, z. B. $1'' \approx 18 \cdot 24/17$ oder $\approx 1600/63$. Für die erstere Annäherung wird die Rechnung: $(z_1/z_2)\,(z_3/z_4) = 25.4/(11 \cdot 6) = 18 \cdot 24/(17 \cdot 11 \cdot 6) = 2 \cdot 3 \cdot 3 \cdot 2 \cdot 2 \cdot 2 \cdot 3/(17 \cdot 11 \cdot 2 \cdot 3)$ oder gehoben $2 \cdot 3 \cdot 3 \cdot 2 \cdot 2/(17 \cdot 11)$. Zusammengefaßt und mit 5 erweitert: $30 \cdot 60/(55 \cdot 85)$.

Beim Gewindeschneiden mit Wechselrädern ist die Verbindung der Räder 31—32 zu lösen.

C. Leistungsverhältnisse.

39. Berechnung der Stirnräder auf Bruchfestigkeit wird an Hand folgender Gleichung durchgeführt:

$$m = \sqrt[3]{\frac{640\,M_d w}{b_v z k_b}} = 35{,}7 \sqrt[3]{\frac{1000\,N w}{b_v z n k_b}} = \sqrt{\frac{32\,U w}{b_v k_b}} \tag{34}$$

$m =$ Modul in mm, $z =$ Zähnezahl, $M_d =$ Drehmoment kgcm, $w =$ Zahnformwert (siehe Tabelle 8), U = Umfangskraft kg.

Die Belastungszahl k_b (kg/cm²) ist nach Tabelle 9 zu ermitteln. Die Zähne werden nach Belastungsfall II (schwellende Belastung) auf Biegung beansprucht. Es ist $\sigma^{II}_{zul} \approx \sigma_F/2$. Da in Werkzeugmaschinengetrieben sehr geringe Formänderungen nachteilig wirken, wählt man bei Dauerbeanspruchung oft etwas niedrigere Werte, etwa die Höchstwerte der zulässigen Biegungsspannung der Tabelle 9. Die Umfangsgeschwindigkeit wird durch den Geschwindigkeitsfaktor $f_v = v_s/(v_s + v)$ berücksichtigt. Hierin ist v_s eine spezifische Geschwindigkeit, abhängig von der Genauigkeit der Verzahnung. Für Hauptgetriebe mit geschliffenen Zähnen oder entsprechender Ausführung ist $v_s = 6\ldots8$, für Getriebe normaler Güte, Vorschubgetriebe, $v_s \simeq 4$.

Tabelle 8. Zahnformwert w für die Berechnung der Stirnräder aus St. Für Räder aus Ge ist $w_g \approx 0{,}8\,w$ zu setzen.

z	w $a=20^0$	$a=15^0$	z	w $a=20^0$	$a=20^0$
10	14,6	—	23	9,9	11,9
11	13,8	—	25	9,6	11,6
12	13,1	15,5	27	9,4	11,3
13	12,5	14,8	30	9,2	11
14	12	14,3	34	8,9	10,7
15	11,6	13,8	38	8,7	10.5
16	11,3	13,5	43	8,5	10,2
17	11	13,1	50	8,4	10
18	10,7	12,8	60	8,2	9,7
19	10,5	12,6	75	8	9,5
20	10,3	12,4	100	7,8	9,2
21	10,1	12,2			

Tabelle 9. Festigkeitszahlen der Werkstoffe für Zahnräder (Werkstattbuch, Heft 87).

Werkstoff	Zug-festigkeit σ_B kg/mm²	Streck-grenze σ_F kg/mm²	Zulässige Biege-spannung kg/cm²	Werkstoff	Zug-festigkeit σ_B kg/mm²	Streck-grenze σ_F kg/mm²	Zulässige Biege-spannung kg/cm²
Ge 18,91	> 18		350	VCMo 125	65...80	42...52	1400...1800
Ge 22,91	> 22		450	VC. 135	75...90	48...58	1500...1900
GAS-M-Bz	40...45			VCMo 135	80...100	56...70	1600...2000
Stg 52	> 52		800	VCMo 140	95...110	71...82	...2000
St 34.11	34...42	19	700...900	VCN 15 w	65...75	42...49	1400...1600
St 42.11	42...50	23	800...950	h	75...85	52...60	1500...1800
St 50.11	50...60	27	850...1100	VCN 25 w	70...85	49...60	1400...1700
St 60.11	60...70	30	950...1200	h	80...95	56...66	1600...1900
St 70.11	70...85	35	1100...1400	VCN 35 w	75...90	56...66	1500...1800
StC 25.61 v	47...55	28	...1100	h	90...105	66...79	1800...2000
StC 35.61 v	55...65	33	...1300	EN 15	60...80	39...52	1200...1600
StC 45.61 v	65...75	39	...1500	ECN 25	80...100	56...70	1500...1900
StC 60.61 v	75...90	45	...1800	ECN 35	80...120	67...90	...2000
Si-Mn-St	60...70	40	1000...1400	EC 30	55...70	36...45	1000...1400
	65...75	42	1100...1500	EC 60	70...90	49...63	1400...1800
(Si 1,5%,	70...80	45	1200...1600	ECMo 80	90...110	63...77	...2000
Mn $=1{,}5\%$	75...85	50	1300...1700	ECMo 100	110...135	83...100	...2200
C $=0{,}5\%$)	80...90	55	1400...1800	Kunstharz			300...400

Die Umfangsgeschwindigkeit ist in m/s einzusetzen. Demnach ist $k_b = f_v \, \sigma_{zul}$. Für ein Rad aus Si-Mn-Stahl ($\sigma_B = 70...80 \, \text{kg/mm}^2$) und $v = 2 \, \text{m/s}$ im Hauptgetriebe wird z. B. $k_b = 1600 \cdot 6/(6 + 2) = 1200 \, \text{kg/cm}^2$, siehe auch Beispiele 16, 18, 19. (Nähere Angaben siehe Werkstattbuch, Heft 87, Trier: Kraftübertragung durch Zahnräder. Die Berechnungsgleichungen sind diesem Heft entnommen.)

$b_v = $ Breitenverhältnis $= b/m$ kann gewählt werden: $b_v = 10$ für bearbeitete Räder mittlerer Beanspruchung (z. B. auch Wechselräder), $b_v = 15...25$ für genau bearbeitete Räder bei guter Lagerung (z. B. Bodenräder der Wechselgetriebe, auch schrägverzahnte Räder), b_v bis hinab zu 5 bei Schieberadgetrieben, um Platz zu sparen. Man berechne immer das kleinere Rad und setze die zugehörigen Zähnezahlen, Momente usf. ein. Für Räder mit Schrägverzahnung berechnet man den Normalmodul aus:

$$m_n \sim \sqrt[3]{\frac{430 \, M_d \, w \cos \beta}{b_v \, z \, k_b}} \quad (\text{mm}; \; \beta = \text{Schrägungswinkel}) \tag{35}$$

40. Bei Berechnung der Stirnräder auf Walzenpressung ergeben sich die Abmessungen des Ritzels aus

$$b \, d^2 \, (\text{cm}^3) = 6{,}22 \, \frac{M_d \, (i + 1)}{k \quad i} = 445\,700 \, \frac{N \, (i + 1)}{k \, n_1 \quad i} \, (\text{cm}^3) \tag{36}$$

für eine Verzahnung mit Eingriffswinkel 20^0; für 15^0 Verzahnung sind die Konstanten 8 statt 6,22 bzw. 573000. In (36) bedeuten: $i = $ Übersetzung, $d = $ Teilkreisdurchmesser (cm), $b = $ Zahnbreite (cm), $N = $ Leistung (PS), $k = $ Walzenpressungsziffer (siehe Tabelle 10). Führt man wieder den Wert $b_v = b/m$ ein, so erhält man die Gleichung

$$m = \sqrt[3]{\frac{6200 \, M \, (i+1)}{b_v \, z^2 \, k \quad i}} \, (\text{mm}) \left(\text{für } a = 15^0 \text{ wird } m = \sqrt[3]{\frac{8000 \, M \, (i+1)}{b_v \, z^2 \, k \quad i}} \, (\text{mm}) \right) \tag{37}$$

Tabelle 10. Werte für die Walzenpressung k_{5000} in kg/cm² bei $h = 5000$ Betriebsstunden.

Werkstoff der Zähne	Brinellhärte der Zähne H kg/mm²	Drehzahlen in der Minute										
		10	25	50	100	250	500	750	1000	1500	2500	5000
St 42.11; Stg 52.81 . .	125	35	26	20	16	12	9,5	8,3	7,5	6,6	5,6	
St 50.11	153	52	38	31	24	18	14	12	11	9,8	8,3	6,6
St 60.11	180	73	53	42	34	25	20	17	16	14	11	9,1
St 70.11	208	97	71	57	45	33	26	23	21	18	15	12
Si-Mn-St. $\sigma_B = 75...80$. (vergütet)	230		87	69	55	41	32	28	26	22	19	15
Si-Mn-St. $\sigma_B = 85...90$. (vergütet)	260			89	70	52	41	36	33	28	24	19
Legierter Einsatzstahl . (gehärtet)	600				374	276	219	190	174	152	128	100

Die k-Werte der Tabelle 10 gelten für eine Lebensdauer von $h = 5000$ Betriebsstunden. Diese rechnerische Lebensdauer kann man für Werkzeugmaschinengetriebe als Höchstwert ansehen, da weder die Haupt- noch die Vorschubgetriebe dauernd unter Vollast laufen. Für eine andere Lebensdauer wird $k' = \alpha \, k_{5000}$. α wird bei Betriebsstunden $h = $ 150 312 625 1200 2500 10000 40000

Umrechnungswert $\alpha = $ 3,2 2,5 2 1,6 1,25 0,8 0,5.

Für Gußeisen als Gegenwerkstoff ist $k_{guß} = k_{5000} \cdot 1{,}5$ zu setzen.

Schrägverzahnte Stirnräder berechnet man bei $\alpha = 20^0$ aus

$$b \, d^2_1 = 6{,}22 \cos^2 \beta \, \frac{M_{d_1} (i+1)}{k \quad i} \text{ oder } m_n = \sqrt[3]{\frac{6250 \, M \cos^2 \beta \, (i + 1)}{b_v \, z^2 \, k \quad i}} \, (\text{mm}) \tag{38}$$

$\beta = $ Schrägungswinkel, im Mittel $15^0...20^0$.

41. Leistung in Rädergetrieben. Liegen mehrere Räderpaare zwischen 2 Wellen, so ist das kleinste Rad am höchsten beansprucht. Für dieses Rad ist dann der Modul zu berechnen. Die anderen Räderpaare zwischen diesen Wellen werden meist mit dem gleichen Modul ausgeführt, andere Beanspruchungen können durch Wahl anderer Zahnbreiten oder anderer Werkstoffe ausgeglichen werden. Nur bei den Räderpaaren zur letzten Welle der Hauptgetriebe findet man auch verschiedene Modul, oft auch Schrägverzahnung, damit die Räder bei hoher Beanspruchung ruhig laufen.

Die Modul schnellaufender Räder werden nach (37) berechnet. Mit Gleichung (34) prüft man nach, ob die Belastungszahl k_b nicht überschritten wird. Sehr langsam laufende Räder, wie z. B. bei Vorschubgetrieben die letzten Ritzel werden nur nach Gleichung (34) berechnet, wobei der k_b-Wert bis $\sigma_F/1{,}4$ angenommen werden kann (siehe Tabelle 9). Bei schnellaufenden Rädern ($n \geq 1000$) sollte nachgeprüft werden, ob die Erwärmung in zulässigen Grenzen bleibt. Es muß

$$m\,z\,b/(20\,N) > 1 \qquad (39)$$

sein. m und b in mm, N in PS einsetzen! Gefährdet sind hier kleine Räder, die unmittelbar hinter einem starken und schnellaufendem Motor liegen.

Beide Gleichungen (34) und (37) enthalten als Kennzeichnung der Belastung das Drehmoment. Nach (10) und Abb. 2 hängt die Größe des Momentes bei gleicher Leistung nur von der Drehzahl ab. Die Hauptgetriebe der Werkzeugmaschinen verlangsamen fast durchweg die Eingangsdrehzahl des Getriebes. Da bei den geometrisch gestuften Getrieben die Drehzahlen auch der Zwischenwellen geometrisch gestuft sind, so wachsen demnach auch die Momente geometrisch an. Kann man nun bei dem Entwurf die Drehzahlen der Zwischenwellen möglichst hoch halten, so werden die Momente und damit auch die Abmessungen klein.

Meist wird bei Werkzeugmaschinen gefordert, daß die Leistung bei allen Gängen konstant bleibt, so daß die Momente mit den langsamen Drehzahlen wachsen. Um aber mit Hartmetallwerkzeugen wirtschaftlich arbeiten zu können, müssen auch bei den Schnelldrehzahlen die Momente ausreichen. Das führt zu einer Verstärkung der Antriebsleistungen, die dann bei den langsamen Drehzahlen nicht mehr ausgenutzt werden können. Man nähert sich also bei diesen Maschinen der Forderung, daß das Moment an der Spindel konstant bleibt (Schnelldrehbänke, Vielstahlbänke). Bei mehrstufigen Elektromotoren kann man die Leistung nach den hohen Drehzahlen bemessen (siehe auch Abschnitt 49), so daß die Maschine bei den niedrigen Drehzahlen nur mit geringerer Leistung laufen kann. Für die Berechnung der Räder sind dann nur immer die den Drehzahlen wirklich entsprechenden Momente einzusetzen.

Bei Motoren mit nur einer Drehzahl und einer Leistung könnten dagegen an der Spindel jetzt sehr hohe Momente auftreten. Da sie aber im praktischen Betriebe nur bei kurzzeitiger Überlastung erscheinen, kann man nicht das Getriebe nach diesen Belastungen und mit normaler Belastungsziffer bemessen, da sonst die Abmessungen des Getriebes unnötig groß würden. Bei der Berechnung setzt man zwar diese Momente ein, wählt aber insbesondere für das letzte Räderpaar eine so hohe Belastungsziffer, daß eine Verformung der Räder gerade vermieden wird, also $k_b = \sigma_F/1{,}4\ldots\sigma_F$ je Zahn. Für die Walzenpressung setze man die Lebensdauer entsprechend klein, etwa mit 625 h, an (siehe auch Beispiel 19).

Man berücksichtigt hierbei folgendes: die Gleichung (34) geht davon aus, daß die größte Biegungskraft an der Spitze des Zahnes angreift. Das ist aber praktisch nicht der Fall, da in diesem Augenblick zwei Zähne im Eingriff stehen. Wenn nur ein Zahn die ganze Umfangskraft übertragen muß, ist der größte Hebelarm nur etwa $^3/_4$ der Zahnhöhe. Man kann aus diesem Grunde k_b um etwa 20% höher wählen,·wenn man es nicht vorzieht, das hochbeanspruchte Räderpaar genauer zu berechnen oder vielleicht zu korrigieren[1].

16. Beispiel. Im Betrieb steht eine Revolverdrehbank mit einem Getriebe nach Abb. 79, angetrieben von einem Elektromotor mit $N = 4{,}5$ PS. Auf Welle I wird eine Drehzahl $n_a = 900$ gemessen. Es ist nachzuprüfen, ob die Leistung des Motors stärker gewählt werden kann. Als Werkstoff der Räder wird in der Druckschrift der Lieferfirma gehärteter Einsatzstahl angegeben.

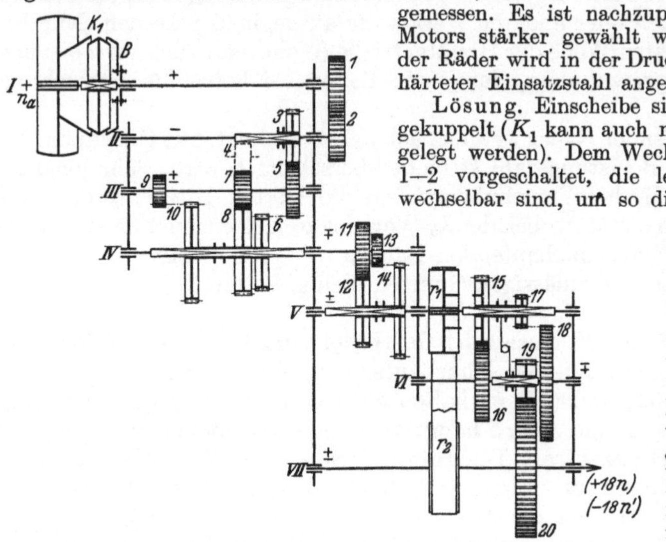

Lösung. Einscheibe sitzt lose und wird durch K_1 gekuppelt (K_1 kann auch nach rechts in die Bremse B gelegt werden). Dem Wechselgetriebe sind die Räder 1—2 vorgeschaltet, die leicht zugänglich und auswechselbar sind, um so die Drehzahlreihe durch Versetzen nach oben oder unten dem späteren Verwendungszweck der Maschine anzupassen. Wendegetriebe mit Schieberädern unter Benutzung der zum Wechselgetriebe gehörigen Räder 5 und 7. Wege 3—5 und 3—4—7. Ersparnis: drei Räder. Nachteil: Weg 3—4—7 hat nicht die Übersetzung 1, sondern bei $z_3 = z_5$ wird $u = z_5/z_7$. Bei dem Wechselgetriebe Einfügung eines endlosen Riementriebes – Kunst- oder Keilriemen — zur Übertragung der höheren Drehzahlen, wodurch auch bei diesen Drehzahlen ruhiger Gang der Spindel erreicht wird. (Statt dessen könnte aber auch ein Rädertrieb vorgesehen werden; der getriebliche Aufbau bliebe derselbe. Wegen Drehsinn und Achsenabstand wären aber 3 Räder nötig.)

Abb. 79. Getriebe einer Revolverbank mit 18 Drehzahlen.

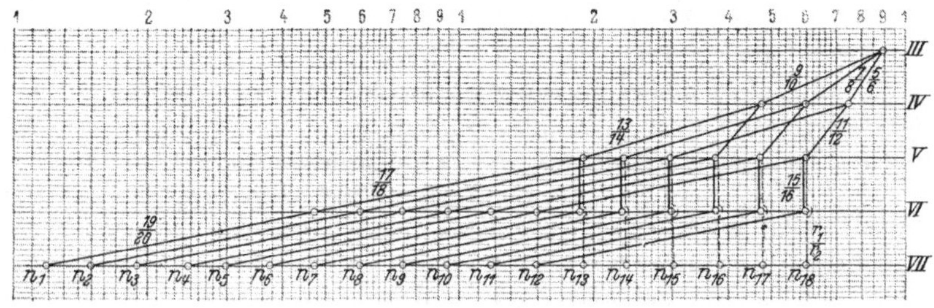

Abb. 80. Drehzahlbild für das Getriebe nach Abb. 79.

Da letzte Kupplungen auf Welle V liegen, ist auch Rad 19 zwangsläufig verschiebbar, um starken Rücktrieb zu vermeiden. Diese Kupplung ist demnach mit der der Räder 15/17 verbunden. Bei allen Kupplungen wird Bremse betätigt.

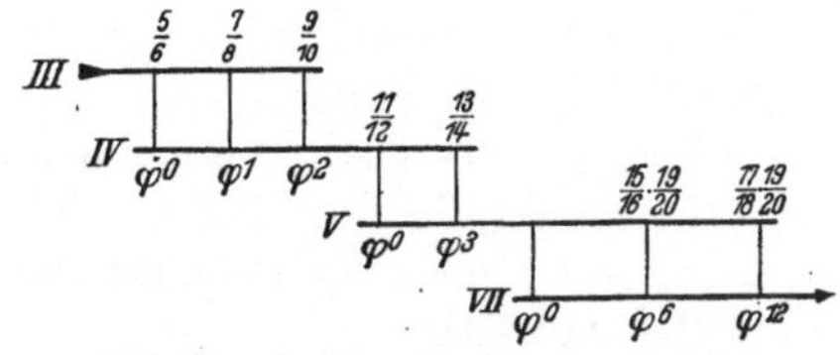

Die Räder 1···14 haben den Modul $m = 2{,}5$, bei 15···18 ist $m = 3$, bei 19 und 20 schließlich $m = 4$. Zahnbreiten sind für Räder 1···10 $b = 6\,m = 15$ mm, für 11···14 ist $b = 8\,m = 20$ mm, für 15···18 ist $b = 10\,m = 30$ mm und für 19 und 20 $b = 12\,m = 48$ mm. Räder 19 und 20 sind schrägverzahnt ($\beta = 15^0$).

Abb. 81. Aufbauplan für das Getriebe nach Abb. 79.

Zur besseren Übersicht wird zunächst das Drehzahlbild Abb. 80, und der Aufbauplan Abb. 81, gezeichnet. Man erkennt, daß die Räder 9, 13, 17, 19 gefährdet sind. Ihre Zähnezahlen sind $z_9 = 27$, $z_{13} = 22$, $z_{17} = 18$, $z_{19} = 18$. Die

---

[1] LENTZ: Zahnräder und Getriebe-Berechnung, Lanz-Forschung, Bd. 2, 1942.

Gegenräder haben folgende Zähnezahlen $z_{10} = 50$, $z_{14} = 55$, $z_{18} = 72$, $z_{20} = 72$. (Die übrigen Zähnezahlen sind nachzurechnen!).

Das Moment auf Welle III ist bei einem Wirkungsgrad der Vorwellen von $\eta = 0,9$

$$M_{III} = 71\,620 \cdot 4,5 \cdot 0,9/900 \approx 325 \text{ kgcm}.$$

Wird für jede weitere Räderübertragung ein Wirkungsgrad $\eta = 0,98$ eingesetzt, so erhält man entsprechend $M_{IV} = M_{III}\, z_{10}\, \eta/z_9 \approx 590$ kgcm, $M_V \approx 1450$ und $M_{IV} \approx 5680$ kgcm. Die gefährdeten Räder werden nun mit Gleichung (37) auf Walzenpressung und dann mit Gleichung (34) auf Festigkeit nachgerechnet. Es wird nach (36)

$$k_9 = \frac{6{,}22\, M_{III}}{b\, d_{q}^2} \cdot \frac{(i+1)}{i} = \frac{6{,}22 \cdot 3{,}25 \cdot 2{,}85}{1{,}5 \cdot 45{,}5 \cdot 1{,}85} \approx 46.$$

Auf gleichem Wege findet man $k_{13} \approx 85$, $k_{17} \approx 130$; k_{19} wird nach (38) errechnet zu $\approx 165\,\text{kg/cm}^2$. Alle Werte liegen weit unter denen der Tabelle 10.

Die Festigkeitsberechnung ergibt nach (34) für Rad 9 ein

$$k_{b_9} = \frac{640\, M_{III}\, w}{b_v\, z\, m^3} = \frac{640 \cdot 326 \cdot 9{,}42}{6 \cdot 27 \cdot 15{,}6} \approx 772 \text{ kg/cm}^2.$$

Zulässig ist bei $v_s = 5$ und 5facher Sicherheit $k_b = \dfrac{5}{5+3{,}2} \cdot \dfrac{85}{5} \approx 10$ kg/mm² oder 1000 kg/cm², wenn für σ_B ein Mittelwert von 85 kg/mm² angenommen wird und $v = d\,\pi\,n/(60 \cdot 1000) = 67{,}5\,\pi\, 900/60\,000 \approx 3{,}2\,\text{m/s}$. Demnach ist $k_{b_9} < k_b$. Entsprechend wird $k_{b_{13}} \approx 1370$, $k_{b_{17}} \approx 2030$ und $k_{b_{19}} \approx 2800$ kg/cm². Die Werte für Räder 17 und 19 erscheinen hoch und liegen bei $b_F/2$. Zu berücksichtigen ist jedoch die geringe Umfangsgeschwindigkeit $v \approx 0,13$ m/s bei Höchstlast. Die Leistung des Getriebes ist also in diesem Falle durch die Biegefestigkeit der Räder begrenzt. Die Leistung des Motors kann kaum höher gewählt werden.

D. Ausführung der Rädergetriebe.

42. Günstigste Anordnung. Untersucht man die ausgeführten Getriebe, so wird man bestimmte Grundsätze verwirklicht finden. Die Übersetzungen liegen etwa zwischen 4:1 und 1:2. Diese Grenzen werden nur bei den letzten Räderübersetzungen zur Spindel überschritten. Hohe Übersetzungen bedingen große Räder, große Zahnsummen und damit erhöhte Kosten. Die Zahnsumme aller Räder zwischen 2 Wellen wird am kleinsten, wenn die Übersetzungen in dem Bereich so verteilt werden, daß die Grenzübersetzungen ins Schnelle und Langsame gleich groß sind. Ist z. B. der Bereich 4 bei 3 Räderpaaren, so kann man die Übersetzungen wählen 1:1, 2:1 und 4:1 oder 2:1, 1:1, 1:2 (Übersetzungsbereich = größte durch kleinste Übersetzung, hier 4:1 = 4). Wählt man als kleinste Zähnezahl 18, so erhält man im ersten Falle 45:45, 60:30, 72:18, im zweiten Falle 36:18, 27:27, 18:36. Die Gesamtsumme der Zähne wird für den ersten Fall $3 \cdot 90 = 270$, im zweiten Falle $3 \cdot 54 = 162$. Da die Hauptgetriebe fast ausnahmslos die Drehzahlen verlangsamen, läßt sich der zweite, theoretisch günstigste Fall selten ausführen, zumal die Rückkehr ins Schnelle unerwünscht ist und an anderer Stelle des Getriebes einen großen Sprung erfordert. Außerdem bedingen auch kleine Zähnezahlen größere Modul.

In Abb. 58 sind die Aufbaunetze für sechsstufige Dreiwellengetriebe gezeichnet. Rechnet man diese Ausführungen durch, so wird man finden, daß die Anordnung 1 am wirtschaftlichsten und mit geringster Zähnezahl ausgeführt werden kann. Entsprechend wird in Abb. 59 Anordnung 6, in Abb. 66 Anordnung 4 für die Ausführung günstig, ebenso wird Abb. 68 günstiger als Abb. 67. Hieraus ergeben sich, wenn man im Getriebe den Kraftfluß verfolgt, die Regeln:

1. die Anzahl der Räderpaare in jeder Gruppe soll abnehmen (also in Abb. 58 erst drei, dann zwei),

2. der Übersetzungsbereich soll wachsen (in Abb. 66/4 ist er $\varphi - \varphi^2 - \varphi^4$).

Nach Regel 1 erhält man die kleinste Gesamtzahnsumme, mit Regel 2 ist es möglich, die Drehzahlen der Zwischenwellen hoch und damit die Abmessungen klein zu halten[1].

---

[1] SCHÖPKE, Kleinste Zähnezahlsummen von Zahnradwechselgetrieben mit geom. Abstufung. Maschb.-Betr. 17 (1938), H. 23/24, S. 645.

43. Schieberäder werden meist nicht einzeln angeordnet, sondern zu einem Block von 2 oder 3 Rädern vereinigt. Die Lage der Räder zueinander hat Einfluß auf die Baubreite. Liegen die verschiebbaren Räder unmittelbar nebeneinander und zwischen den festen Rädern, Abb. 82, so wird die Baubreite $B > 4b$ ($b =$ Zahnbreite). Wären dagegen die beiden Räder auf Welle I verschiebbar, so würde die Baubreite $B > 6b$. Bei den Dreierblöcken beansprucht die Anordnung nach Abb. 33 die geringste Baubreite $B > 7b$. Die Drehzahlen folgen aber bei dieser Anordnung nicht in der größenmäßigen Reihenfolge. Außerdem muß $z_6 - z_4 > 5$ sein, sonst

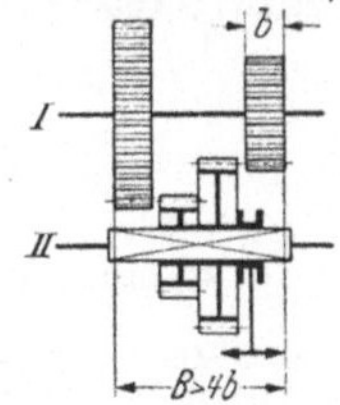

Abb. 82. Kürzeste Bau-
länge für einen Zweier-
schiebeblock.

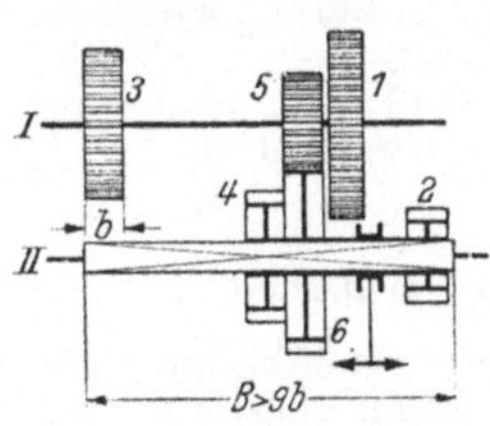

Abb. 83. Baulänge bei
einem Dreierschiebeblock.

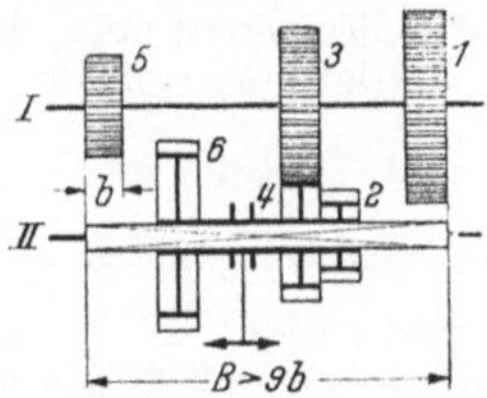

Abb. 84. Baulänge bei einem Dreierschiebe
block; Schaltstellungen und Übersetzungen
liegen in der gleichen Reihenfolge.

gehen die Räder 4 bzw. 2 nicht an Rad 5 vorbei. Kann diese Bedingung nicht erfüllt werden, so ordnet man die Räder nach Abb. 83 an mit $B > 9b$. In Abb. 84 folgen die Drehzahlen ihrer Größe nach, es muß $z_4 - z_2 > 5$ sein, bei $B > 9b$. Wegen $B > 7b$ oder $> 9b$ folgt, daß man bei Schieberädergetrieben die Zahnbreite mög-

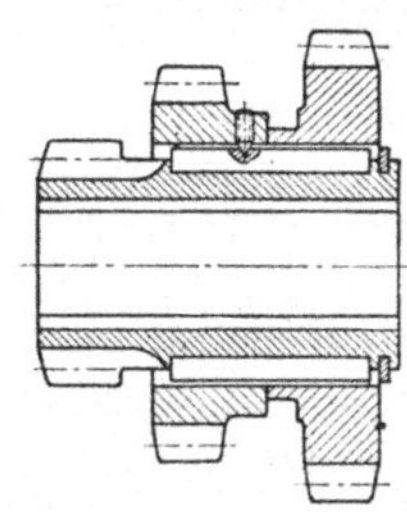

Abb. 85. Zusammen-
gesetzter Räderblock.

lichst klein hält, um Platz zu sparen. Dann aber auch, daß man mehr als 3 Räder nicht zu einem Block zusammenfaßt. Liegen 4 Räder zwischen 2 Wellen, so ordnet man 2 Blöcke mit je 2 Rädern an, muß aber Vorkehrungen treffen, daß nicht 2 Räder gleichzeitig eingeschaltet werden können.

Kleine Räder können mit der Hülse aus einem Stück gefertigt werden. Dies bedingt aber, z. B. bei dem unteren Block in Abb. 82, daß die Zähne gestoßen werden müssen, da die Abwälzfräser nicht auslaufen können, während die Stoßräder nur etwa 5 mm Abstand benötigen. Bei größeren Räderblöcken setzt man einige oder alle Radkränze auf, Abb. 85. Werden dann nur die Radkränze aus hochwertigem Werkstoff gefertigt, so kann man recht bedeutende Ersparnisse erzielen.

44. Kupplungen sind so anzuordnen, daß starke Rücktriebe vermieden werden. In Abb. 42 könnte die Kupplung zum Schalten der Gänge $11 - 12$ oder

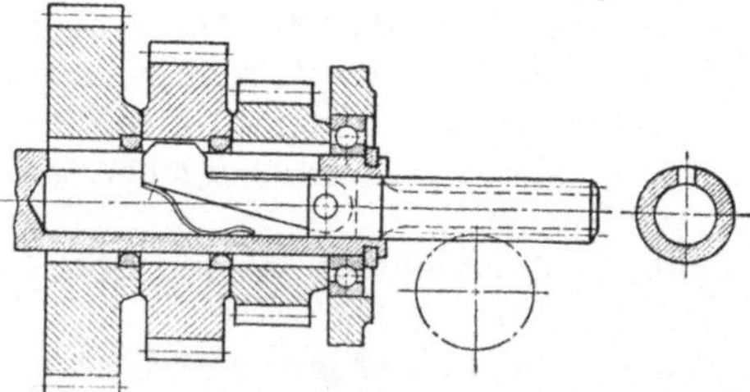

Abb. 86. Ausführung eines Ziehkeilgetriebes.

$13 - 14 - 15 - 16 - 17$ auch auf Welle III zwischen 11 und 13 liegen. Dann würde aber beim Einschalten des Ganges $11 - 12$ das Rad 17 über $16 - 15 - 14$ das Rad 13 mit hoher Drehzahl antreiben.

Im Stillstand oder im Auslauf, also ohne Belastung, kann man schalten: Klauenkupplungen, früher fast ausschließlich verwendet, mit ungerader Zähnezahl ausgeführt (Fräser kann dann immer zwei Flanken bearbeiten!), haben den Nachteil, daß bei der geringen Zähnezahl häufig Zahn gegen Zahn steht, die Kupplung sich also nur nach Anrucken des Getriebes, also unter Zeitverlust schalten läßt; die Zahnkupplungen,

Abb. 94, haben daher die Klauenkupplungen verdrängt. Hier ist die Zähnezahl bedeutend größer, die größte notwendige Drehung bis zum Kuppeln geringer, damit die Kupplungszeit kleiner. Die Zähne sind abgerundet, so daß man bei jeder Stellung der Zähne die Kupplung einrücken kann. In Vorschubgetrieben findet man dann noch die Ziehkeilkupplungen, Abb. 86 und auch 48, die für die Übertragung größerer Kräfte ungeeignet sind und daher bei neueren Maschinen seltener eingebaut werden. Der Ziehkeil sitzt in der hohlen, geschlitzten und getriebenen Welle.

Beim Lauf können die Reibkupplungen geschaltet werden. Man findet eingebaut: Kegelreibkupplungen. (Abb 20), bei denen eine Schubkraft die Kupplung lösen will. Bei den Spreizringkupplungen (Abb. 87) wird der Reibring a durch Verschieben der Muffe b und Drehen des Hebels c mit Zapfen d gespreizt. Lamellenkupplungen (Abb. 88) werden bevorzugt eingebaut, da sie sanft und schnell kuppeln.

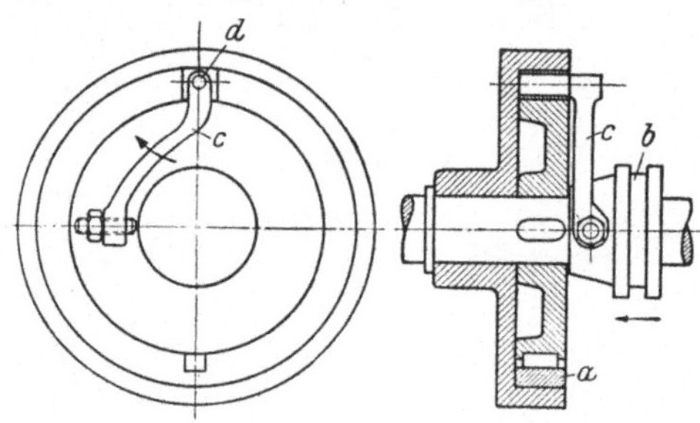

Abb. 87. Spreizringkupplung.

Ein Teil der Lamellen liegt außen, der andere Teil innen fest, aber verschiebbar. Eine der beiden Gruppen ist federnd oder wellenförmig ausgeführt, dadurch nehmen die Lamellen beim Anlauf allmählich mit und werden beim Lösen sicher getrennt. Die Kupplungen laufen in Öl, sind nachstellbar und betriebssicher. Reibkupplungen werden auf Wellen mit hohen Drehzahlen eingebaut, da hier die Momente klein sind. Lamellenkupplungen sieht man auch besonders für das Einschalten und Wenden der Getriebe vor. Bei Schwenkbohrmaschinen werden die Lamellenkupplungen mit senkrechter Welle ausgeführt und haben sich einwandfrei bewährt.

45. Bremsen verkürzen die Schaltzeiten erheblich, da Getriebe mit hohen Drehzahlen und Wälzlagerungen nur langsam auslaufen. Mechanische Bremsen werden als Bandbremsen, Abb. 89, oder als Kupplungsbremsen ausgeführt. Die letzteren ähneln in ihrem Aufbau den

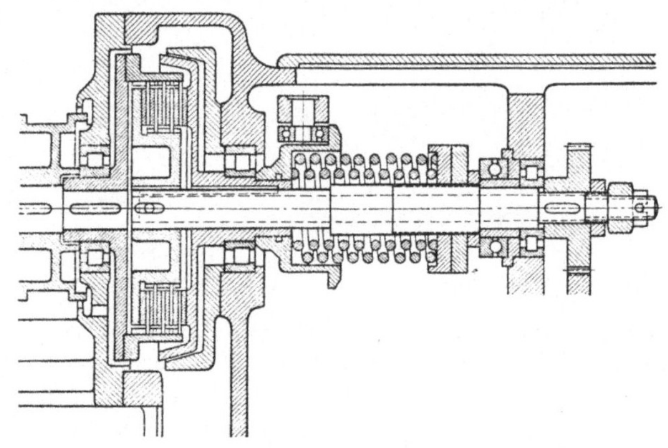

Abb. 88. Lamellenkupplung und Kegelreibbremse.

Kegel- oder Lamellenreibkupplungen, nur daß eben der eine Kupplungsteil fest steht. Antrieb durch besonderen Hand- oder Fußhebel oder auch selbsttätig in Verbindung mit dem Schalten (siehe Abschnitt 44). Bei den mechanisch-elektrischen Bremsen wird die Bremse durch einen Elektromagneten betätigt. Häufig werden aber auch die Elektromotoren selbst elektrisch durch Gegenstrom- oder Gleichstrombremsung (bei Drehstrom) stillgesetzt oder sind mit Verschiebeanker oder Verschiebebremse ausgerüstet (siehe Werkstattbuch, Heft 84).

46. Das Schalten erfordert oft einen sehr wesentlichen Anteil an der Arbeitszeit. Ist das Schalten zeitraubend oder gar unbequem, so unterläßt es der Bedienungsmann außerdem, günstigere Drehzahlen einzustellen, da der Zeitgewinn durch den

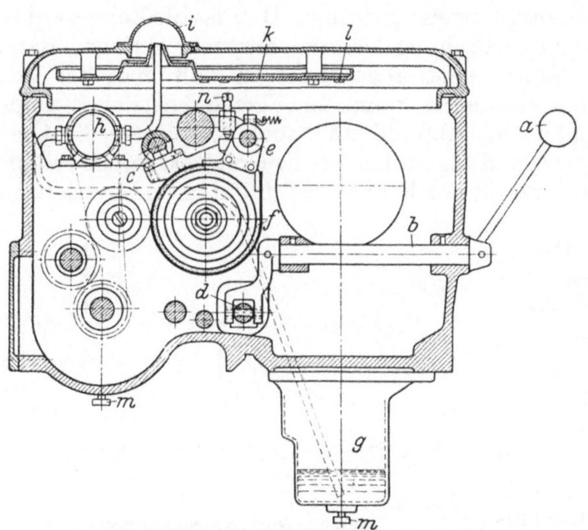

Abb. 89. Bandbremse. Von Hebel a wird über b, d und ein nicht gezeichnetes Gestänge Welle e gedreht und dadurch Bremsband f gelüftet oder angezogen. Nachstellung der Bremse durch Schrauben.

Aufwand beim Schalten ausgeglichen wird. Die Möglichkeiten eines feinstufigen und kostspieligen Getriebes können nur ausgenutzt werden, wenn man die Drehzahlen in kürzester Zeit, bei laufender Maschine aber auch im Stillstand wechseln kann. Die Hebel sollen sinnfällig und übersichtlich angeordnet sein. Jede Drehzahl soll mit möglichst wenig Hebelgriffen schaltbar sein. Im Bestfall kann man mit einem Hebel ein- und ausschalten, bremsen, wenden und neu einstellen.

Kugelgriffe werden bevorzugt, da sie sehr griffig sind und auch bei häufigem Schalten nicht ermüden. Sie wirken selten unmittelbar, sondern meist über ein Gestänge b auf die Kupplungsmuffe d (Abb. 89). Bei den Mehrhebelschaltungen sitzen die Hebel dicht an der Schaltstelle. Die Einhebel besitzen eine größere Zahl von Raststellungen oder können räumlich bewegt werden. In Abb. 90 wird Hebel a einmal in die Stellungen a_1 oder a_2 gelegt. Hierbei dreht er über die Hülse b eine Kurve c. Schwenkt man den Hebel in die Stellung a', so wird die Muffe d verschoben. Durch Kurve c und Muffe d werden dann Schaltstangen in Pfeilrichtung gesteuert. Hebel a in Abb. 91 arbeitet wie die Schalthebel der Kraftfahrzeuggetriebe. Bei Schwenken nach a_1 oder a_2 wird er in einen Schlitz der Schaltstangen b, c oder d eingelegt, bei Schwenken nach a' oder a'' wird dann die gewählte Schaltstange verschoben.

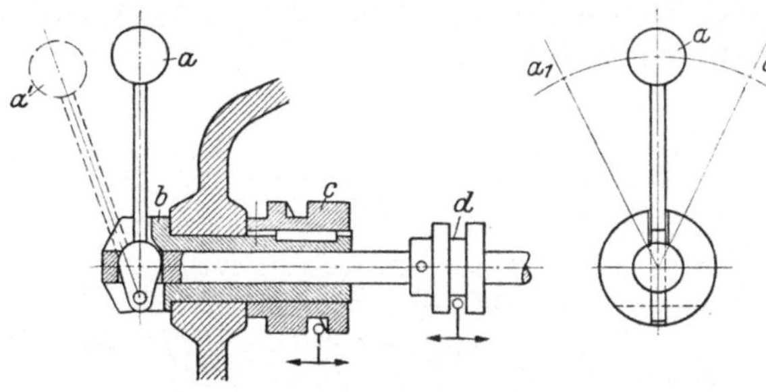

Abb. 90. Einhebelschalter, räumlich zu bewegen.

Handradschalter, bei denen nacheinander die Drehzahlen durchgeschaltet werden, arbeiten über Kurven. In Abb. 92 wird eine Scheibe a gedreht, in die eine Nut b eingearbeitet ist, in der die Rolle c läuft und über Hebel d die Muffe e verschiebt. Auf der Handradwelle können dann mehrere derartige Scheiben hintereinander angeord-

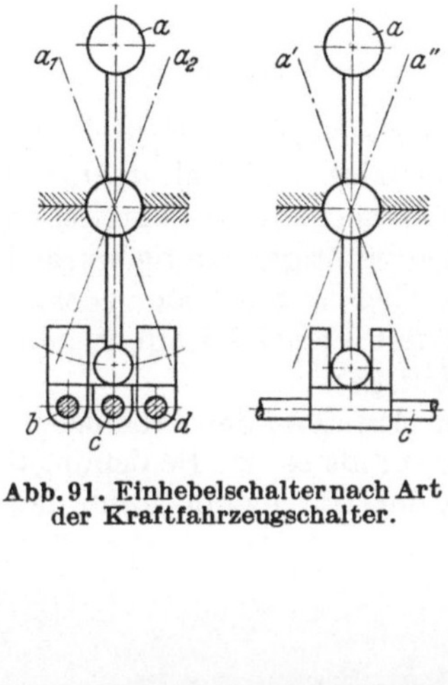

Abb. 91. Einhebelschalter nach Art der Kraftfahrzeugschalter.

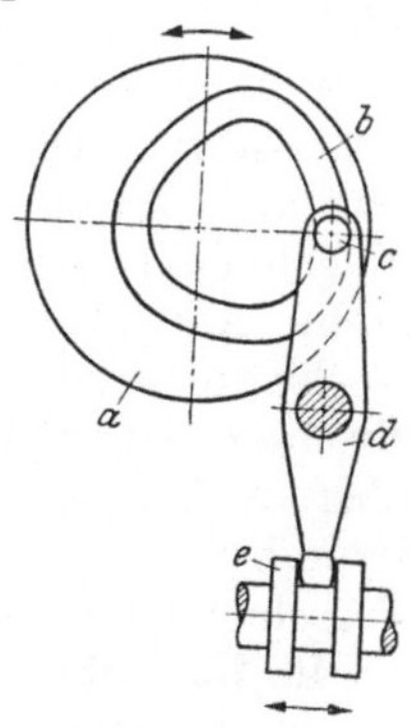

Abb. 92.
Kurvenschaltung.

net werden. In Abb. 93 sind statt der Scheiben 2 Kurventrommeln mit mehreren Kurven eingebaut, die in einem bestimmten Übersetzungsverhältnis von dem Hand-

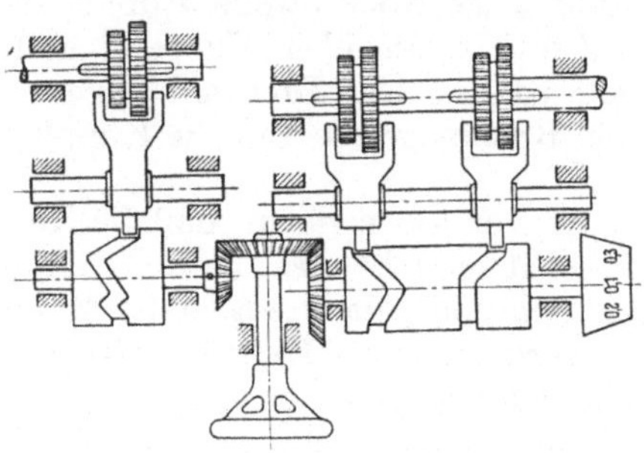

Abb. 93. Kurvenschaltung für ein Vorschubgetriebe.

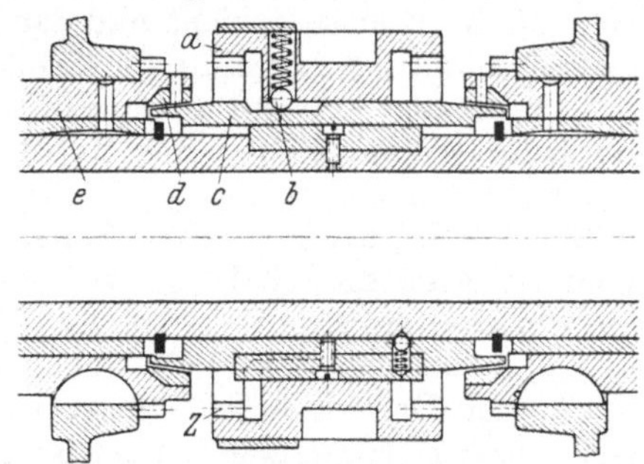

Abb. 94. Drehzahlangleichung.

rad über Kegelräder gedreht werden. Auf der Trommelwelle sitzt auch das Anzeigerad, so daß man durch ein Fenster den eingestellten Vorschub ablesen kann.

Das Einrücken der Schieberäder wie der Zahnkupplungen wird durch vorheriges Angleichen der Drehzahlen („Synchronisieren") erleichtert. Verschiebt man in Abb. 94 die Zahnkupplung a, so nimmt diese über eine Kugel b eine Hülse c mit,

deren kegeliges Ende d sich in den Gegenkegel des zu kuppelnden Rades e einlegt, ehe die Zähne eingreifen. Dadurch wird das Rad e schon mitgenommen und beim Weiterschieben der Kupplungshülse a können dann die Zähne lautlos und ohne Stöße in die Zähne des schon mit der Solldrehzahl laufenden Rades e ein-

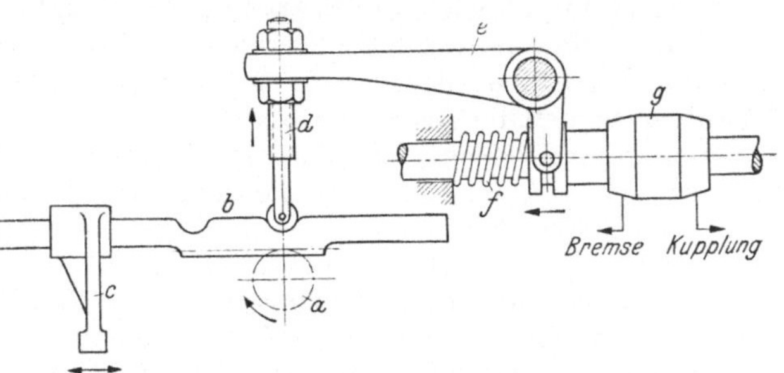

Abb. 95. Schaltautomat.

greifen. Kürzere Schaltzeiten erreicht man auch durch die selbsttätige Kupplungs- und Bremsenbetätigung der Abb. 95. Dreht man über einen Hebel das Stirnrad a, um über die Schaltstange b und Klaue c einen Block zu verschieben, so wird der Bolzen d nach oben gedrückt. Über das Gestänge e verschiebt er die Schaltmuffe g, die zunächst die Kupplung löst und dann die Bremse einlegt. Ist Muffe c so weit verschoben, daß der Block seine neue Stellung erreicht hat, so fällt der Bolzen d in die andere Raste der Stange b, Feder f wird entlastet, löst die Bremse und rückt die Kupplung wieder ein.

Eine weitergehende Beschleunigung und Erleichterung des Schaltvorganges bringen die Vorwählereinrichtungen, bei denen der Bedienungsmann die Drehzahl vorher einstellt, also schon während der vorhergehenden Arbeitsstufe, um dann nur durch Schwenken eines Hebels die gewählte Dreh-

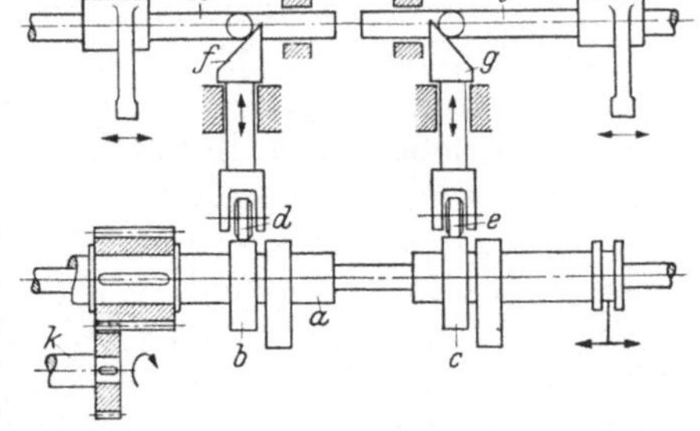

Abb. 96. Schema einer Vorwähleinrichtung.

zahl einzurücken. In Abb. 96 wird zum Vorwählen die Nockenwelle a verschoben, so daß die zu der gewünschten Drehzahl gehörigen Nocken b und c unter die Stoßstangen d und e zu liegen kommen. Soll dann die Drehzahl eingerückt werden, so schwenkt man einen Hebel der zunächst, ähnlich wie in Abb. 95, die Kupplung löst und die Bremse anzieht und dann über Rad k die Nockenwelle a dreht. Die Nocken b und c heben nun die Stoßstangen d und e, die über Kurven f und g die Schaltstangen h und i verschieben. Damit ist die neue Drehzahl eingestellt und beim Weiterschalten des Hebels wird die Bremse gelöst und die Kupplung wieder eingerückt.

Der Vorteil elektrischer Schaltgeräte liegt vor allem darin, daß die Kommandostelle und die Schaltstelle voneinander entfernt liegen können. Bei den Geräten zum Einschalten, zum Wenden, zum Polumschalten und zum Bremsen des Motors handelt es sich um elektrische Schalter (siehe Werkstattbuch, Heft 54), die durch Hebel oder Druckknöpfe betätigt werden. Für das Einschalten der Räder und mechanischen Kupplungen baut man Elektromagnete ein, die geradlinige Bewegungen von etwa 6···50 mm einleiten können und als Einphasen-Wechselstrommagnete, sowie als Dreh- oder Gleichstrommagnete ausgeführt werden. Ölmagnete arbeiten ohne Schlag- und Magnetgeräusche, während dies bei Luftmagneten nicht zu erreichen ist. In Verbindung mit polumschaltbaren Motoren wurden auch Schaltgeräte entwickelt, die in Abhängigkeit der Schaltung der Werkzeuge z. B. bei Revolverbänken selbsttätig die zugehörige, beim Einrichten der Maschine eingestellte Drehzahl einschalten.

Hydraulische Schaltgeräte arbeiten sanft und elastisch. Sie verschieben auch Räderblöcke einwandfrei, trotz der hier leicht auftretenden Hemmungen und sind daher für den Einbau in Getriebe mit Vorwähleinrichtungen sehr geeignet. Beim Vorwählen werden die Ventile gesteuert und beim Schalten nimmt dann das Drucköl seinen vorgeschriebenen Weg. Wird im Stillstand geschaltet und liegt Zahn gegen Zahn, so rückt sich das Rad bei Anlauf der Maschine sofort ein, da der Schaltkolben noch unter Druck steht.

47. Die Schmierung der Räderkästen soll selbsttätig arbeiten, so daß keine oder nur sehr wenige Stellen an Nebengetrieben vorhanden sind, die der Bedienungsmann mit der Schmierkanne besonders schmieren muß. Das Öl muß sich abkühlen können und beim Umlauf gefiltert werden. Das Filter soll leicht herausnehmbar sein. Splitterfänger, ausgerüstet mit einem Dauermagneten (z. B. Örstitm.), ziehen die Metallsplitter an und machen sie dadurch unschädlich. Die Zentralschmierung in Abb. 89 besteht aus einem Sammelbehälter g, aus dem das Öl über Pumpe h und Filter (liegt hinter der Pumpe) gegen ein Schauglas i gefördert wird, so daß man das einwandfreie Arbeiten der Schmierung beobachten kann. Von hier läuft das Öl über eine Verteilungsplatte k durch Tropflöcher l oder Leitungen zu den einzelnen Schmierstellen, um von dort in den Sammelbehälter zurückzufließen. Bei Druckschmierung wird das Öl nicht über einen Hochbehälter, sondern unmittelbar über Leitungen den Schmierstellen zugeführt. Derartige Schmiereinrichtungen sind für auseinanderliegende Getriebe, wie in Bohrwerken, Karusseldrehbänken u. ä., geeignet.

In kleineren geschlossenen Getrieben kommt man auch ohne Ölpumpen aus, wenn man auf der untersten Welle Ölschleudern anbringt, die in das am Boden stehende Öl eintauchen und es beim Lauf gegen die Decke des Getriebekastens schleudern. Damit nun aber das Öl nicht an den Wänden abläuft, bringt man dreieckige Rippen mit Tropfnasen an, so daß das Öl über den Schmierstellen abtropft. Durch das abtropfende und umhergeschleuderte Öl erreicht man eine zuverlässige Schmierung. Die Zahnräder selbst lasse man möglichst nicht eintauchen, da diese das Öl mehr erwärmen und zum Schäumen bringen, besonders wenn der Ölstand zu hoch liegt. Wenn aber eintauchende Räder schmieren sollen, dann fülle man das Öl nur bis etwa zum Fußkreis des Rades. Die Wälzlager des Getriebes werden oft mitgeschmiert. Mit engen Sitzen gelagerte Spindeln verlangen aber dünnflüssigere Öle und daher einen besonderen Ölkreislauf. Offenliegende Räder schmiere man mit den gut haftenden Sonderfetten (s.a. Werkstattbuch, Heft 48, KREKELER, Öl im Betrieb).

48. Besondere Forderungen für die Ausführung und den Aufbau der Getriebe werden durch den Verwendungszweck der Maschine und deren Arbeitsweise gestellt. In Drehbänken wird der Vorschub von der Spindel abgenommen. Sollen aber Steilgewinde geschnitten werden, so ist dies bei dem beschränkten Bereich der Vorschubgetriebe nur dadurch möglich, daß man das Vorschubgetriebe schneller laufen läßt, indem der Antrieb nicht von der Spindel, sondern von einer Vorwelle abgenommen wird. Würde das Getriebe in Abb. 79 für eine Drehbank bestimmt sein, so müßte der Vorschub von der Spindel VII abgeleitet werden, der Steilvorschub dagegen von Welle VI. In Abb. 42 könnte man den Steilvorschub von Welle III ableiten. Daraus ergibt sich für den Aufbau des Hauptgetriebes bei Drehbänken die Forderung, daß die Übersetzung der Räder 19 — 20 in Abb. 79 bzw. des Vorgeleges 13 — 14 — 15 — 17 und der Räder 11 — 12 in Abb. 42 nach dem Verhältnis Normalvorschub : Steilvorschub ausgerichtet wird. Meist wählt man 8 oder auch 4, das heißt, die Vorwelle muß acht- oder viermal so schnell laufen wie die Spindel.

Bei der Fertigung auf Revolverbänken wechseln die Arbeitsgänge mit kleinen Schnittgeschwindigkeiten — Reiben, Schruppen — mit solchen, bei denen eine hohe Schnittgeschwindigkeit gefordert wird, Schlichten, Bohren kleiner Löcher usf. Der Bedienungsmann muß demnach schnell von einer kleinen auf eine große Drehzahl schalten können. Schalteinrichtungen, wie Handräder zum Einstellen aller Drehzahlen sind hier ungeeignet, da man beim Gangwechsel alle zwischenliegenden Drehzahlen durchschalten muß. Getriebe und Schalteinrichtungen müssen dann so entworfen werden, daß man mit einem Griff von dem schnellen Gang auf den langsamen übergehen kann. In Abb. 79 ist dieser Wechsel durch die beiden Gänge $r_1 - r_2$ und 15 — 16 oder 17 — 18 — 19 — 20 gegeben. Bei Fräsmaschinen treten dagegen derartige Wechsel nicht auf, dort sind daher Ein-Handradschalter brauchbar (siehe auch Beispiele am Ende dieses Heftes).

49. Rädergetriebe für veränderliche Antriebsdrehzahlen sollen den zu kleinen Bereich stufenloser Getriebe erweitern oder bei Antrieben mit polumschaltbaren Motoren die Zwischendrehzahlen liefern (siehe Abschnitt 36). In beiden Fällen werden die Grenzübersetzungen, die von den Rädergetrieben überbrückt werden müssen, groß. Wie Abb. 97 zeigt, baut man hier vorwiegend Getriebe der Vorgelegeform ein. Man kann dann den großen Sprung gut unterbringen und die Spindel auch unmittelbar kuppeln. Das Getriebe in Abb. 97···99 ist für einen polumschaltbaren Motor mit 1400/950/710 U/min entworfen. Die Drehzahlen dieses Motors entsprechen etwa dem Stufensprung 1,4, wobei allerdings die Drehzahl 950 aus der Normreihe herausfällt (vgl. Tabelle 1 und 3). Zwischen Wellen II und III liegen 2 Räderpaare die nach dem Aufbauplan die Stufung $1,4^3 = 2,8$ haben müssen. Der Riementrieb hat die Übersetzung 1 und liefert unmittelbar die Drehzahlen n_{12} bis n_7, während die Drehzahlen n_6 bis n_1 über das Vorgelege erreicht werden, dessen Stufensprung $2 \cdot 3 = 6$, also $\varphi^6 = 8$ sein muß.

Für Drehbänke sind nur solche Drehzahlreihen polumschaltbarer Motoren geeignet, die sich in eine Vorgelegeübersetzung 8 einfügen lassen (wegen Steilvorschub!). Üblich sind Motoren mit 2 Drehzahlen und dem Sprung 2, also 1400/2800 — siehe Beispiel — und dreifach polumschaltbare Motoren mit 750/950/1400 U/min. Langsamer laufende Motoren, mit 475/710/950 oder mit 475/710/950/1400, also 4 Drehzahlen, werden nur für Sonderfälle gewählt, auch z.B. für Revolverbänke, da sie im Verhältnis zu ihrer Leistung schon ziemlich groß werden. Die Größe des Motors wird nämlich durch die Leistung bei der untersten Drehzahl bestimmt, so daß es für die Bemessung des Motors wünschenswert wäre, die niedrigste Leistung mit der niedrigsten Drehzahl zu verbinden. Dies ist aber bei Werkzeugmaschinen im allgemeinen nicht möglich, da bei langsamen Drehzahlen ein großes Moment gefordert wird. Nur bei Schnelläuferdrehbänken, Vielstahlbänken für Hartmetallwerkzeuge und ähnlichen Maschinen wird für die hohen Drehzahlen eine größere Leistung verlangt (siehe Abschnitt 41). Hier kann dann ein Motor gewählt werden, der bei der unteren Drehzahl mit kleinerer Leistung läuft (bis etwa der halben) und daher geringere Abmessungen besitzt.

Bei den stufenlosen Regeltrieben, deren Bereich kleiner ist als der der Maschinen, liegen die Verhältnisse für den Einbau der Rädertriebe ähnlich. Auch hier werden

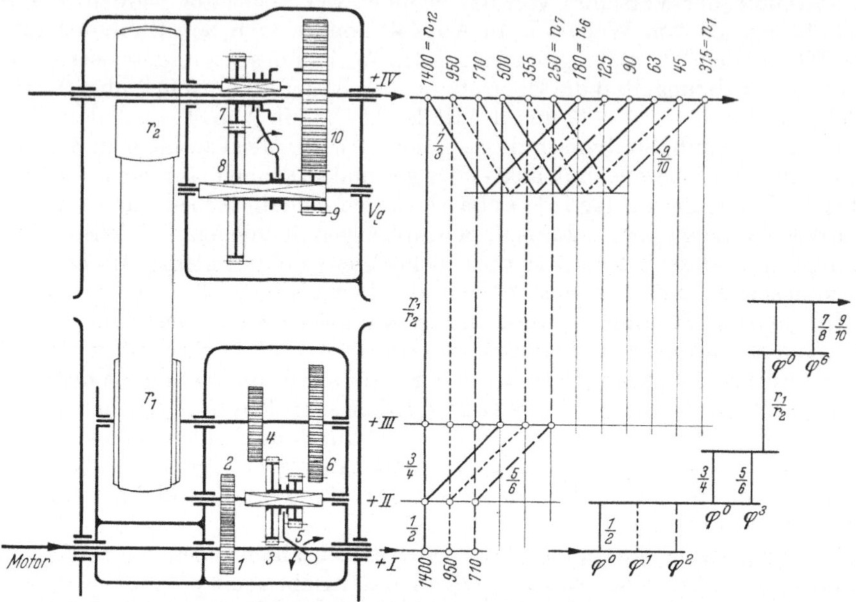

Abb. 97, 98, 99. Getriebe für eine Drehbank mit Antrieb durch einen Motor mit den Drehzahlen 710, 950, 1400 U/min; Drehzahlbild und Aufbauplan des Getriebes.

Getriebe der Vorgelegeform bevorzugt. Der stufenlose Trieb — mechanisch, hydraulisch oder elektrisch — liefert die höheren Drehzahlen unmittelbar, während die langsamen über das Vorgelege geschaltet werden.

E. Das Arbeiten mit den Getrieben.

50. Darstellung der Drehzahlverhältnisse. Arbeitszeit. Wenn man die Getriebe und damit die Werkzeugmaschinen gut ausnutzen will, so verschafft man sich zweckmäßig einen Überblick, in dem die Zusammenhänge zwischen den gegebenen Drehzahlen und Vorschüben mit der Schnittgeschwindigkeit, dem Arbeitsdurchmesser und der Arbeitszeit gezeigt werden.

Die Maschinenzeit als Hauptzeit t_h ist durch die Gleichung $t_h = L/s'$ bestimmt (L = Arbeitslänge, s' = Vorschub in mm/min). Für die Werkzeugmaschinen, bei denen der Vorschub von der Arbeitsspindel abgenommen und daher als s in mm/Umdr. angegeben wird, setzt man $s' = s\,n$. Dann wird $t_h = L/(s\,n)$ oder, da nach (1) $n = 1000\,v/(d\,\pi)$

$$t_h = \frac{L}{s} = \frac{L\,d\,\pi}{1000\,v\,s}. \tag{39}$$

Der Zusammenhang zwischen den Größen $v - d - n$ wurde durch das Sägenschaubild (Abb. 6, 8) gezeigt. Für den praktischen Gebrauch wird das Schaubild mit logarithmischen Leitern günstiger, da hier die Drehzahlen als parallele Geraden mit gleichen Abständen verlaufen. Damit wird der Aufbau übersichtlicher und für die Ablesung genauer. Von dem Sägenschaubild nach Abb. 8 kann man auch für die Darstellung der Gleichung (39) ausgehen, wenn man die Gleichung logarithmiert, mit 200 erweitert (um geeignete Abmessungen zu erhalten) und umstellt. Für eine Arbeitslänge von $L = 10$ mm erhält man

$$\lg 200\, t_h - \lg (2\,\pi/s) = \lg d - \lg v.$$

Diese Gleichung stellt man durch eine Netztafel dar, deren linke und untere Seite den Zusammenhang zwischen d und v und deren obere und rechte Seite den Zusammenhang von $2\,\pi/s$ und t_h zeigt (Abb. 100).

Zur Erleichterung der Drehzahleintragung wird $d = 1000/\pi$ oder $= 100/\pi$ gesetzt. Dann wird aus $n = 1000\,v/(d\,\pi)$ die Gleichung $n = v$ bzw. $n = 10\,v$. Ist also die Drehzahl $n = 45$ einzutragen, so sucht man auf der v-Leiter den Wert 45, geht senkrecht bis zur A_1-Linie (Auftragslinie) und zieht durch

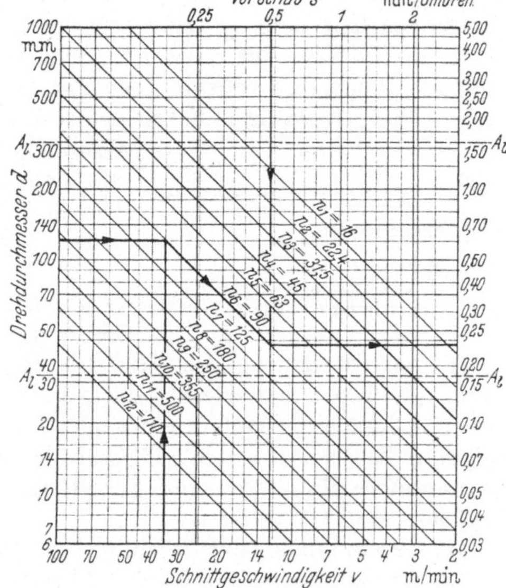

Abb. 100. Rechentafel für die Gleichung $t = l/(s\,n)$ bei $l = 10$ mm.

diesen Schnittpunkt eine Gerade unter 45°. Wäre dagegen $n = 500$ einzutragen, so sucht man auf der v-Leiter den Wert $50 = n/10$ auf, geht nur bis zum Schnitt mit der unteren A_1-Linie und erhält dann die Gerade für $n = 500$.

Will man die an der Maschine vorhandenen Vorschübe eintragen, so errechnet man die zugehörigen Werte $2\,\pi/s$ und trägt diese Werte als Senkrechte auf der oberen Leiter ab. An die Senkrechten schreibt man aber die s-Werte, da ja nur diese gebraucht werden. Ist also z. B. der Vorschub 0,5 vorhanden, so wird $2\,\pi/s = 2\,\pi/0{,}5 = 12{,}56$. Man sucht auf der v-Leiter diesen Wert auf und zieht senkrecht über die ganze Netztafel die s-Gerade, an die man oben anschreibt „0,5".

Netztafeln ähnlich Abb. 100 haben durch die ältere Ausgabe der AWF.-Maschinenkarten große Verbreitung gefunden. Als Beispiel für den Gebrauch ist eingezeichnet, wie man für den gegebenen Werkstückdurchmesser $d = 120$ und die gewählte Schnittgeschwindigkeit $v = 35$ m/min die einzustellende Drehzahl $n = 90$ ermittelt. Wählt man dann einen Vorschub $s = 0{,}5$ mm/U, so erhält man die Maschinenzeit

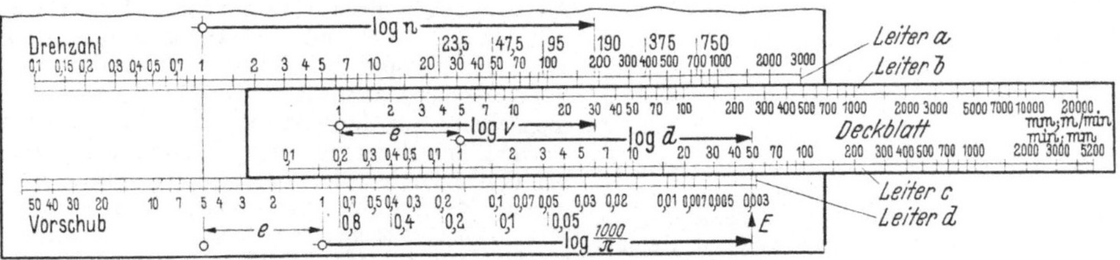

Abb. 101. Leitertafel auf AWF-Maschinenkarte.

$t_h = 0{,}23$ min für eine Bearbeitungslänge $L = 10$ mm. Ist nun die Arbeitslänge eine andere, z. B. 85 mm, so muß der gefundene Wert mit 85/10 multipliziert werden.

Das Umrechnen ist ein großer Nachteil solcher Netztafeln. Der Ausschuß für Maschinenkarten beim AWF hat daher für die neueren Karten eine Leitertafel entwickelt (Abb. 101). Hier werden auf der oberen Leiter a die vorhandenen Dreh-

zahlen der Maschine nach außen abgetragen und auf der unteren Leiter d die Vorschübe. Gerechnet wird mit dem Deckblatt, auf dessen oberer Leiter b die Schnittgeschwindigkeit und auf der unteren c die Durchmesser angegeben sind. Man stellt
den zu bearbeitenden Durchmesser der Leiter c — hier 50 — über dem Zeichen E der
Leiter d ein. Über der gewählten Schnittgeschwindigkeit, hier $v = 30$, findet man
die nächstliegende Drehzahl, hier $n = 190$. Damit ist die Gleichung $n = 1000\,v/(d\pi)$
gelöst. Die Strecke lg $(1000/\pi)$ liegt auf der Leiter d von 1 bis E. Aus praktischen

Abb. 102. Rechenweg für die
Gleichung $t = l/(s\,n)$.

Gründen sind die Teilungen für $1000/\pi$ und d gegen
die Leiter a und b um den Betrag e verschoben.
Die Arbeitszeit wird dann ermittelt, wenn man
unter der gefundenen Drehzahl n — hier 190 —
auf Leiter b die gegebene Arbeitslänge L einstellt
(Abb. 102) und über dem gewählten Vorschub auf
Leiter d die Zeit auf Leiter c abliest.

In dem Werkstattbuch, Heft 90, HAPPACH, Techn. Rechnen II, ist die Gleichung (1) durch Leitertafeln dargestellt. Mit Leitertafeln kann man schnell und
sicher rechnen. Die Netztafeln nach Abb. 100 besitzen demgegenüber den Vorteil,
daß man die Zusammenhänge besser übersehen kann. Weitere Ausführungen solcher
Rechentafeln findet man im Schrifttum, wie in dem erwähnten Werkstattbuch,
Heft 90.

51. Darstellungen der Leistungsverhältnisse gehen von den Schnittkräften aus
und berücksichtigen die An- und Abtriebsleistung der Maschine. Derartige Schaubilder kann man vorteilhaft bei der Umstellung von Maschinen auf größere Leistung
verwenden.

17. Beispiel. Ein Stufenscheibenantrieb einer Drehbank mit den Stufenscheibendurch-
messern 300, 260, 220, 180 mm, Stufenbreite 80 mm nach Abb. 13 und $z_1 = 34$, $z_2 = 50$, $z_3 = 20$,
$z_4 = 64$ Zähnen, $m = 4{,}5$, soll durch Verwendung eines Anbaugetriebes auf Einzelantrieb umgestellt werden, wobei eine Normdrehzahlreihe
erreicht und die Leistung möglichst vergrößert
werden soll.

Lösung. Nachprüfung der Drehzahlen ergibt, daß der Stufensprung des Vorgeleges mit
$i_v = 4{,}7$ nicht in eine Normreihe einzupassen ist.
Da die Anbaugetriebe meist 3, 4 oder 6 Drehzahlen mit den Sprüngen 1,25 oder 1,4 liefern,
so wird hier ein Getriebe mit 4 Stufen und dem
Stufensprung 1,4 gewählt. Das bedingt die Ände-
rung der Zähnezahlen des Vorgeleges in $z_1 = 37$
und $z_2 = 47$, damit $i_v = 4$ wird. Bei $n_8 = 500$ wird
dann nach Reihe R 20/3 $n_1 = 45$ U/min. Das
Anbaugetriebe habe eine höchste Abtriebsdreh-
zahl $n_{max} = 1000$ und eine kleinste $n_{min} = 355$.
Wird der Riemen an der Maschine auf die größte
Scheibe gelegt, so muß der Durchmesser der Riemenscheibe an dem Anbaugetriebe $d = 150$ mm
werden. Die Riemengeschwindigkeiten sind dann
bei den 4 Drehzahlen des Anbaugetriebes etwa
8,5; 6; 4; 2,8 m/s. Bei einem Riemenzug von
$P = 70 \cdot 1{,}2 = 84$ kg werden die Riemenleistungen
9; 6,3; 4,5; 3,1 PS. Der Modul des gefährdeten

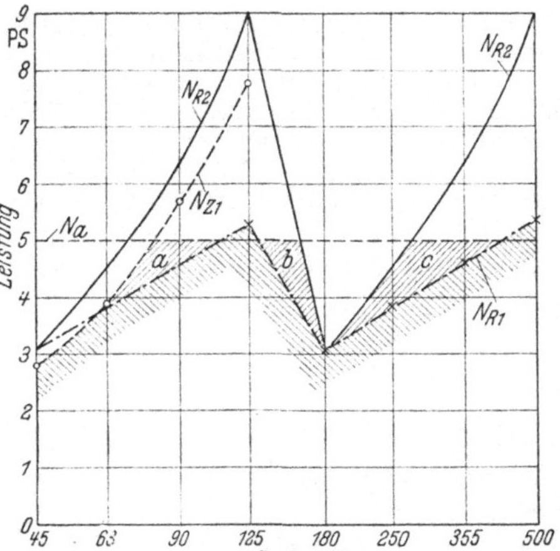

Abb. 103. Darstellung der Leistungen in einem
Stufenscheibentrieb vor und nach dem Umbau.

Rades 3 war 4,5, seine Breite 54 mm, Werkstoff Gußeisen ($k_b = 350$). Nach der Leistungs-
gleichung (34) wird dann die zulässige Leistung dieses Rades 5,6; 4; 2,8; 2 PS. Vor der Umstellung war die Drehzahl des Deckenvorgeleges $n_v = 300$. Berechnet man hierfür die Riemenleistungen, so erhält man 5,3; 4,6; 3,85; 3,1 PS.

Diese gefundenen Werte werden in einem Schaubild[1] zusammengestellt (Abb. 103). Vor der
Umstellung ist die Leistung der Bank, bezogen auf die neue Drehzahlreihe, durch die Riemen-

---

[1] KIEKEBUSCH, Formänderung der Drehbank unter Schnittkräften, VDI-Forschungsheft.

leistung N_{R_1} und bei der Einschaltung des Rädervorgeleges für die kleinste Drehzahl durch die zulässige Zahnradleistung N_{z_1} begrenzt. Diese Grenze des Leistungsfeldes ist rechts schraffiert. Die mögliche Riemenleistung nach der Umstellung ist als N_{R_2} eingezeichnet. Sie liegt höher als N_{z_1}. Würde man bei der Umstellung eine Antriebsleistung von $N_a = 5$ PS einbauen, so zeigt das Schaubild folgendes:

a) Bei den Drehzahlen 125 und 500 wäre die Leistung nach der Umstellung kleiner als vor dem Umbau. Ungünstig, wenn auf der Bank vorwiegend mit hohen Drehzahlen gearbeitet werden soll. Abhilfe: höheres N_a wählen!

b) Bei den unteren Drehzahlen 45 und 63 fällt die Leistung infolge Begrenzung durch N_{z_1} ab. Das ist nur bedenklich, wenn auf der Bank vorwiegend große Durchmesser mit geringer Schnittgeschwindigkeit geschruppt werden sollen. Abhilfe: Stärkere Räder oder besserer Werkstoff für die Räder 3 und vielleicht auch 4.

c) Bei den Drehzahlen 180 und 250 entsteht eine „Leistungslücke", die durch die begrenzte Riemenleistung N_{R_2} hervorgerufen wird und sich bei der Ausbringung der Bank unangenehm bemerkbar machen wird. Sie läßt sich nur durch Verstärkung der Riemenleistung ausfüllen. Abhilfe: Riemenscheibe verbreitern oder Belagriemen.

d) Der Leistungsgewinn durch die Umstellung ist durch die Flächen a—b—c gekennzeichnet. Er ist sehr gering.

Je nach dem beabsichtigten Verwendungszweck der Bank können so die endgültigen Änderungen der Bank geplant werden.

52. Anzeigevorrichtungen gestatten, den Betrieb der Maschine zu überwachen. Wie die Rechentafeln die Arbeitsvorbereitung oder Stückzeitrechnung erleichtern, so sollen die Anzeigevorrichtungen dem Mann an der Maschine die Möglichkeit geben, die vorgeschriebene Drehzahl einzustellen oder die wirtschaftliche Drehzahl zu finden. Werden dem Bedienungsmann mit der Arbeitskarte die Drehzahlen vorgeschrieben, dann genügen an der Maschine übersichtliche Tafeln, aus denen man schnell die Hebelstellungen für die einzelnen Drehzahlen ablesen kann. Abb. 104 zeigt eine derartige Tafel für Zweihebelschaltung. In Abb. 105 ist die Anzeige für die Hauptspindeldrehzahlen mit der für die Vorschübe vereinigt. Mit dem Schalten der Bedienungshebel werden die Zahlenringe gedreht: die Hauptspindel läuft in der gezeichneten Stellung mit 710 U/min, der Vorschub beträgt 1,5 mm/U. Der mittlere Hebel ist für das Wenden.

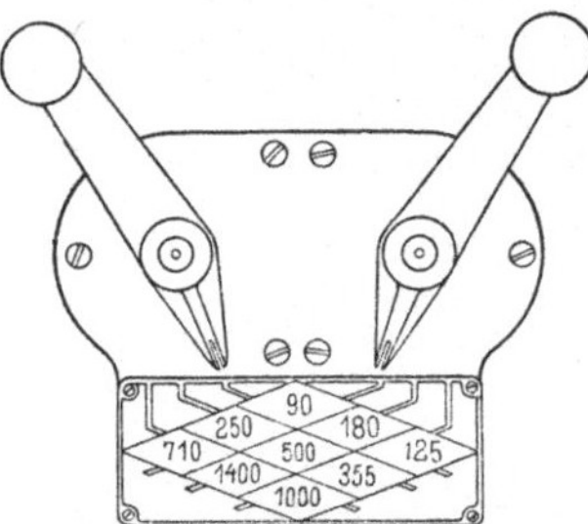

Abb. 104. Anzeigevorrichtung für die Drehzahlen der Spindel.

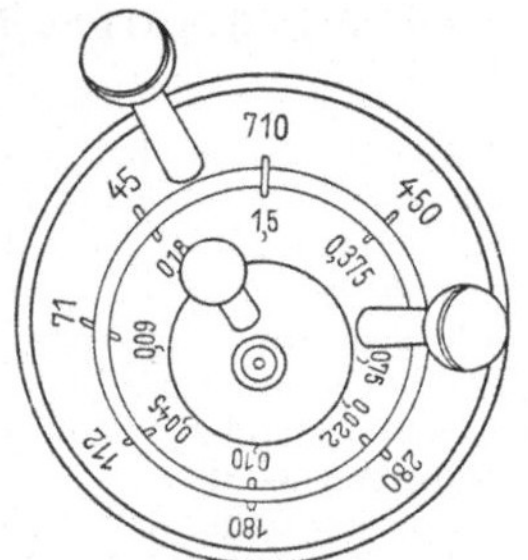

Abb. 105. Anzeigevorrichtung für Haupt- und Vorschubgetriebe.

Andere Tafeln oder Wähler zeigen den Zusammenhang zwischen Drehzahl, Schnittgeschwindigkeit und Durchmesser. In Abb. 106 ist das logarithmische Sägenschaubild — um 45° gedreht — als Anzeigetafel ausgebildet. Erhält der Bedienungsmann nur Richtwerte für die Schnittgeschwindigkeit, so kann er nunmehr zu dem Durchmesser die Drehzahl einstellen. Während aber eine Tafel nach Abb. 106 immerhin bei dem Bedienungsmann einige Übung zum schnellen Ablesen voraus-

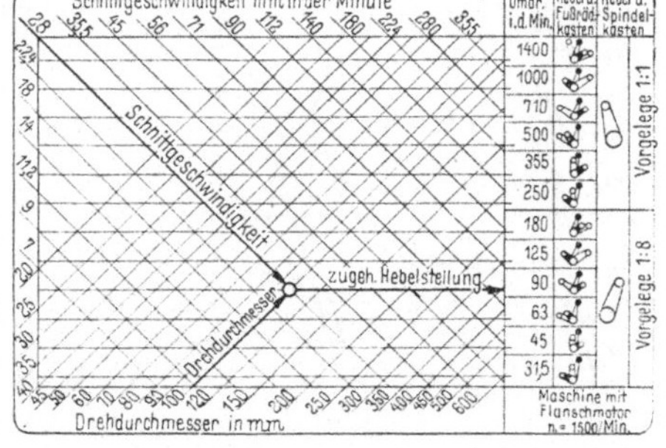

Abb. 106. Rechentafel mit Hebelstellungen auf der Maschine.

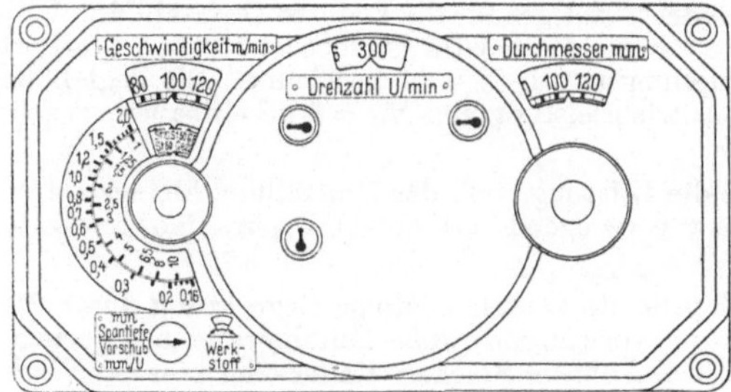

Abb. 107. Drehzahlwähler mit Leistungsbestimmung.

setzt, ist die Bedienung des Geschwindigkeitswählers nach Abb. 107 sehr einfach. Der Wähler ist auf Grund eines Leistungsschaubildes entwickelt[1] und zeigt auch Vorschub und Spantiefe an. Geschwindigkeiten, Durchmesser und Drehzahlen mit den zugehörigen Hebelstellungen erscheinen in Fenstern, so daß der Zusammenhang auch von ungeschulten Leuten übersehen und vom Meister leicht überprüft werden kann. Dieser Geschwindigkeitswähler ist unabhängig vom Getriebe schaltbar.

V. Beispiele.

18. Beispiel. Eine Bohrmaschine wird durch einen Motor mit den Drehzahlen 1400/2800 angetrieben. Der Hauptantrieb soll 12 Drehzahlen liefern mit $n_1 \approx \overset{*}{5}0$ und $n_g \approx 2000$. Drehsinnänderung durch Motor und Wendegetriebe, dessen Räder gleichzeitig für das Wechselgetriebe benutzt werden sollen. Das Vorschubgetriebe soll 6 Gänge in den Grenzen von 0,15 bis 1 mm/U der Bohrspindel geben. Größtes Moment an Bohrspindel 3000 kgcm. Größter Bohrdruck 1000 kg.

Lösung. a) Aufbau des Hauptantriebes. Bei den geforderten 12 Enddrehzahlen müßte das Getriebe gestuft sein mit $\varphi = \sqrt[11]{2000/50} = 1{,}395$. Eine derartige Stufung ist aber in geometrischer Reihe bei zwei Antriebsdrehzahlen mit $n_{a2} = 2\,n_{a1}$ nicht möglich. Der nächstliegende Wert ist $\varphi = 1{,}4$. Aus der Normreihe (Tabelle 1) folgt dann $n_1 = 45$ und $n_{12} = 2000$. Der Bereich mit $R_{Ma} \approx 45$ wird etwas größer als der geforderte.

Von den 12 Enddrehzahlen werden nun 6 von dem Getriebe erzeugt, die restlichen durch Motorschaltung. In den Abb. 108···112 sind mehrere Drehzahlbilder verschiedener Getriebe gezeigt. Bei diesen Abbildungen sind nur für $n_{a2} = 2800$ die Übersetzungen eingezeichnet. Die übrigen entstehen dann beim Umschalten auf n_{a1} und könnten gestrichelt wie in Abb. 71 angegeben werden.

Es liegt nahe, den Aufbau als III/6-Getriebe durchzuführen.

In Abb. 108 ist der Aufbau mit $2 \cdot 3$ Räderpaaren gezeichnet. Das Wendegetriebe könnte zwischen den Wellen I und II so ausgebildet werden, daß es die Übersetzungen n_{a2}/n_{12} und n_{a2}/n_{11} liefert. Die letzte Übersetzung erfordert hier 5 Räder. Der gleiche Aufbau ist in Abb. 109 nochmals gezeigt. Zur Überbrückung des großen Bereiches ist aber hier ein Räderpaar 6—7 eingefügt. Gegenüber Abb. 108 wird dadurch ein Rad gespart. Die Übersetzungen gehen aber

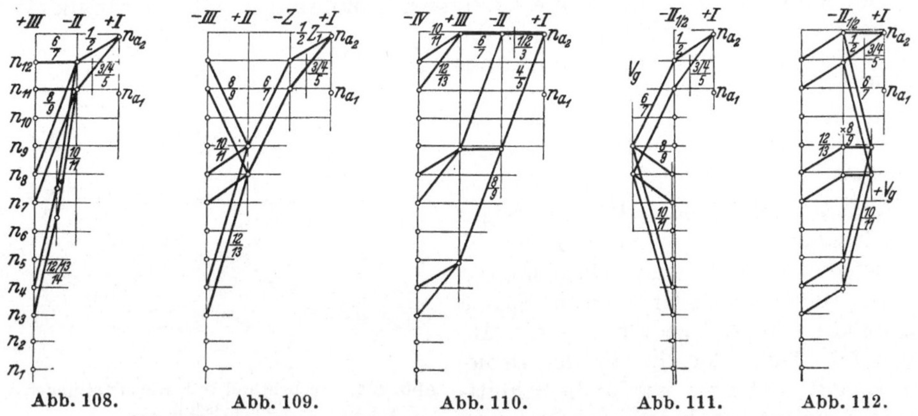

Abb. 108.　　　　Abb. 109.　　　　Abb. 110.　　　　Abb. 111.　　　　Abb. 112.

Abb. 108…112. Drehzahlbilder für den Hauptantrieb einer Bohrmaschine.

---

[1] Rühl, Ein werkstattgerechter Drehzahl- und Vorschubwähler für Drehbänke, Werkstatttechnik und Werksleiter (1940), S. 371; s. a. Werkstattstechnik (1938), S. 301.

erst ins Langsame und dann wieder ins Schnelle, wobei auch durch die Räder 8—9 und 12—13
Übersetzungen hergestellt werden müssen, die größer bzw. kleiner als die normalen sind. Da sie
aber noch in den Grenzen des Durchführbaren liegen, wäre das kein entscheidender Grund.

Einen anderen Aufbau zeigt Abb. 110 mit einem IV/8-Getriebe. Infolge einer Blindschaltung
— die Räder 6—7 und 8—9 liefern auf Welle *III* einmal die gleiche Drehzahl — werden aber nur
6 Enddrehzahlen erreicht.

Die Drehzahlbilder 111 und 112 sind mit doppeltem Vorgelege entworfen. In Abb. 111 müßte
auf der Bohrspindelbuchse eine weitere Hülse mit den Rädern 2, 5, 6 angebracht werden. Die Nachteile könnten vermieden werden durch Ausbilden als Hohlwelle mit besonderer Außenlagerung.
In Abb. 112 ist die Hülse vermieden durch Teilung der Welle *II* und Einbau besonderer Bodenräder 12—13. Die Gegenüberstellung der Getriebeentwürfe bringt dann untenstehende Zahlen:

Abb.	Rä-der	Wel-len	Hohl-wellen	Bohr-mitten[1]	Bedie-nungs-stellen	Kupp-lungen	Ver-schiebe-räder
108	14	6	—	6	2	1	3
109	13	5	—	5	2	1	3
110	13	5	—	5	3	1	$2+2=4$
111	11	4	1	4	2	2	2
112	13	6	—	5	2	2	2

Getriebe 108 hat mehr Räder und Wellen als die übrigen Getriebe, ohne wesentliche Vorteile zu bringen: scheidet aus. Getriebe 110 hat den Nachteil, daß die Schaltungen an drei verschiedenen Stellen, also mit 3 Hebeln ausgeführt werden müssen. Wenn es auch möglich ist, durch Zusammenfassen der Hebel diesen Nachteil zu min-
dern, so entstehen doch dadurch wieder höhere Kosten. Von den Getrieben 109, 111 und 112
spricht nichts für das Getriebe 112, so daß schließlich die engere Wahl zwischen 109 und 111
bleibt. Das Getriebe 111 hat hiervon die geringere
Räderzahl, weniger Bohrmitten, sonst aber
gleiche Werte, so daß für dieses Getriebe zur
weiteren Untersuchung die Rechnung durchgeführt werden soll.

b) Drehzahlrechnung. Abb. 113 zeigt die
Ausführung des Getriebes. Hohlwelle II_1 ist besonders gelagert. Die Reibungskupplung wird
zweckmäßig als Lamellenkupplung ausgeführt.
Aus dem Drehzahlbild folgen die Übersetzungen
und hieraus in bekannter Weise die Zähnezahlen (siehe Nachrechnung).

**c) Zur Entwicklung des Vorschub-
antriebes** geht man zweckmäßig vom Ende
des Getriebes aus, d. h. von der Zahnstange
(Abb. 113). Nimmt man für das Ritzel $R = 14$
Zähne und einen Modul $m = 3$ mm an, so wird
bei einer Umdrehung des Ritzels die Zahnstange
um $d_0\pi = 42\pi \approx 132$ mm verschoben. Der größte
Vorschub beträgt aber nur 1 mm/U. Es muß
also zwischen der Bohrspindel und dem Ritzel
eine Übersetzung 132 vorgesehen werden. Diese
wird erreicht durch $(z_{12}/z_{13})\,(z_{14}/z_{15})\,(z_{25}/z_{26})$
$(S_1/S_2) = (1/1) \cdot (1/2) \cdot (1/2) \cdot (2/66.)$ Die weiteren
Übersetzungen für die langsameren Vorschübe
erzeugt ein Wechselgetriebe.

Für die Ausbildung des Wechselgetriebes
bestehen zwei Möglichkeiten: durch ein Vervielfältigungsgetriebe, durch III/6, oder durch
einen Ziehkeiltrieb. Sollen die Vorschübe arithmetisch gestuft sein, so käme nur dieser Trieb

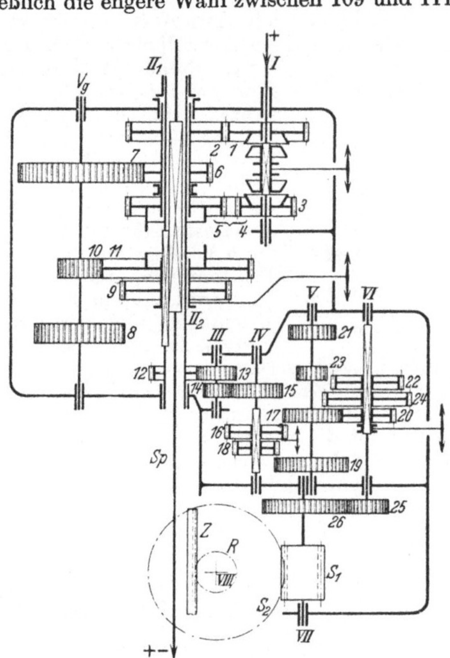

Abb. 113. Haupt- und Vorschubgetriebe einer
Bohrmaschine.

in Frage. Für die arithmetische Reihe würde der Stufensprung $a = (1{,}0-0{,}15)/5 = 0{,}17$ und
damit die Vorschübe: 0,15, 0,32, 0,49, 0,66, 0,83, 1,0. Das Getriebe müßte dann die Übersetzungen bringen: 6,67, 3,12, 2,04, 1,51, 1,20 5,1. Die erste Übersetzung ist reichlich groß und
bewirkt für das ganze Getriebe eine große Zahnsumme. Es wäre daher zweckmäßiger, eine
weitere Übersetzung, etwa $i = 1{,}51$, hinter dem Ziehkeilgetriebe einzubauen. Dann würden die
Übersetzungen im Ziehkeilgetriebe 4,42, 2,06, 1,35, 1, 1/1,24, 1/1,51. Man erhält so zwar ein
Räderpaar mehr, aber die Zahnsummen werden kleiner.

---

[1] Beim Bohren des Getriebekastens muß die Spindel des Bohrwerkes auf diese Mitten
eingestellt werden.

Werden die Vorschübe geometrisch gestuft, so wird die Anordnung eines III/6-Getriebes günstiger. Ein solches Getriebe — einfach gebunden — ist in Abb. 113 als Vorschubgetriebe vorgesehen. Abb. 114 zeigt das Drehzahlbild, bei dem die Vorschübe logarithmisch aufgetragen sind ($\varphi = \sqrt[5]{1/0,15} = 1,46$). Die Zähnezahlen werden in bekannter Weise ermittelt.

d) Nachrechnen der Drehzahlen.

Zunächst der Hauptantrieb:

			Istdrehzahl	Solldrehzahl	Fehler %
$n_{12} = 2800\,\dfrac{z_1}{z_2}$		$= 2800\,\dfrac{40}{56}$	$= 2000$	2000	0
$n_{11} = 2800\,\dfrac{z_3}{z_5}$		$= 2800\,\dfrac{28}{56}$	1400	1400	0
$n_8 = 2800\,\dfrac{z_1}{z_2}$	$\dfrac{z_6}{z_7}\,\dfrac{z_8}{z_9}$	$= 2800\,\dfrac{40}{56}\cdot\dfrac{28}{78}\,\dfrac{44}{62}$	509	500	$+ 1,8$
$n_7 = 2800\,\dfrac{z_3}{z_5}$			357	355	$+ 0,5$
$n_4 = 2800\,\dfrac{z_1}{z_2}$	$\dfrac{z_6}{z_7}\,\dfrac{z_{10}}{z_{11}}$	$= 2800\,\dfrac{40}{56}\cdot\dfrac{28}{78}\,\dfrac{16}{90}$	127,5	125	$+ 2$
$n_3 = 2800\,\dfrac{z_3}{z_5}$			89,5	90	$+ 0,5$

Die Fehler sind gering, liegen innerhalb der zulässigen Grenzen und sind sämtlich positiv.

Vorschubantrieb: Das Aufsuchen einer günstigen Zahnsumme wird zweckmäßig an Hand der nebenstehenden Aufstellung durchgeführt. Die kleinen Beizahlen geben die Abweichung (erste Stelle nach dem Komma) von der nächsten ganzen Zahl. Die bei der Teilung erhaltene gebrochene Zahl soll etwas kleiner sein als die aufgerundete ganze Zahl. Die günstigste Zahnsumme ist dann diejenige, bei der die Fehlersumme möglichst klein wird, und die Fehler gleichmäßig und negativ werden. Da hier Übersetzungen $i_u = 1$ verlangt werden, kommen nur gerade Zahlen für die Zahnsumme in Frage. Mit der gewählten Zahnsumme 78 wird dann die Nachrechnung durchgeführt. (Die Vorschübe errechnen sich aus z. B. $s_1 = n_{sp}\,(z_{12}/z_{13})\,(z_{14}/z_{15})\,(z_{25}/z_{26})\,(S_1/S_2)\,d_{0R}\,\pi\,u = 1\,u$, wenn u Übersetzung des Wechselgetriebes und $n_{sp} = 1$.)

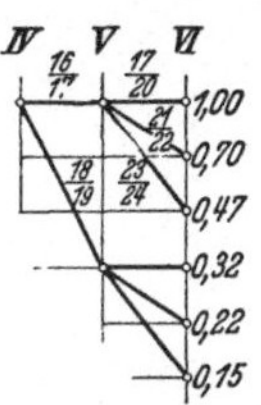

Abb. 114. Aufbau des Vorschubgetriebes.

Räder	$\dfrac{16}{17}$	$\dfrac{18}{19}$	$\dfrac{17}{20}$	$\dfrac{21}{22}$	$\dfrac{23}{24}$	Fehlersumme
i	$\dfrac{1}{1}$	$\dfrac{3,13}{1}$	$\dfrac{1}{1}$	$\dfrac{1,46}{1}$	$\dfrac{2,14}{1}$	
s	2	4,13	2	2,46	3,14	
70	35	17 -1	35	28 +4	22 +3	8
72	36	17 +4	36	29 +2	23 -1	7
74	37	18 -1	37	30 0	24 -4	5
76	38	18 +4	38	31 -2	24 +2	8
78	39	19 -1	39	32 -3	25 -2	6
80	40	19 +4	40	33 -5	25 +4	13
82	41	20 -2	41	33 +3	26 +1	6
84	42	21 -3	42	34 +1	27 -3	7
86	43	21 -2	43	35 -1	27 +4	7
88	44	21 +8	44	36 -2	28 0	5
78	$\dfrac{39}{39}$	$\dfrac{59}{19}$	$\dfrac{39}{39}$	$\dfrac{46}{32}$	$\dfrac{53}{25}$	gewählt

			Istvorschub	Sollvorschub	Fehler %
$s_6 = 1$	$\dfrac{z_{17}}{z_{20}} = 1$	$\dfrac{39}{39}$	1,0	1,0	0
$s_5 = 1$	$\dfrac{z_{16}}{z_{17}}\cdot\dfrac{z_{21}}{z_{22}} = 1$	$\dfrac{39}{39}\cdot\dfrac{32}{46}$	$= 0,696$	0,69	$+ 1$
$s_4 = 1$	$\dfrac{z_{23}}{z_{24}} = 1$	$\dfrac{25}{53}$	$= 0,472$	0,47	$+ 0,5$
$s_3 = 1$	$\dfrac{z_{17}}{z_{20}} = 1$	$\dfrac{39}{39}$	$= 0,322$	0,32	$+ 0,7$
$s_2 = 1$	$\dfrac{z_{18}}{z_{19}}\cdot\dfrac{z_{21}}{z_{22}} = 1$	$\dfrac{19}{59}\cdot\dfrac{32}{46}$	$= 0,224$	0,22	$+ 1,8$
$s_1 = 1$	$\dfrac{z_{23}}{z_{24}} = 1$	$\dfrac{25}{53}$	$= 0,152$	0,15	$+ 1,3$

Auch diese Fehler liegen innerhalb der zulässigen Grenzen.

e) Abmessungen des Hauptgetriebes. Die Räder 3, 6, 8, 10 sind jeweils am höchsten beansprucht. Die Momente werden $M_3 = 71\,620 \cdot 4/1400 = 204$ kgcm; $M_6 = 408$; $M_8 = M_{10} = 1140$ kgcm, wenn die Wirkungsgrade nicht berücksichtigt werden. Es wird zunächst m_{10} nach Gleichung (34), also auf Bruchfestigkeit berechnet. (Langsam laufende Räder berechnet man zweckmäßig erst auf Bruchsicherheit und prüft dann die Walzenpressung nach, umgekehrt geht man bei den schneller laufenden Rädern vor.) Man erhält für $k_b = 1800$ (VCMo 125) und $b_v = 12$; $m_{10} = \sqrt[3]{640\,M_d\,\gamma/(b_v\,z\,k_b)} = \sqrt[3]{640 \cdot 1140 \cdot 11{,}26/(12 \cdot 16 \cdot 1800)} \approx 3$. Probe auf Pressung nach (36) ergibt: $k = 6{,}22 \cdot 1140 \cdot 6{,}63/(3{,}6 \cdot 4{,}82 \cdot 5{,}63) \approx 100$. Da der Elektromotor unmittelbar mit dem Getriebe gekuppelt ist, kann mit einer zeitweiligen Überlastung um 50% der Normalleistung gerechnet werden. Rechnet man für diesen Fall die Festigkeit nach, so erhält man nach (34) $k_b = 640 \cdot 1700 \cdot 11{,}26/(12 \cdot 16 \cdot 27) \approx 2360$ kg/cm². Bei VCMo 125 ist $\sigma^{II}_{zul} \approx \sigma_F/2 \approx 2500$ kg/cm². Demnach besteht auch bei kurzfristiger Überlastung keine Bruchgefahr. Entsprechend werden die Räder 6 und 8 berechnet. Für Rad 3 rechne man zunächst nach (36) die Pressung und man erhält für SiMn-St mit $85\cdots90$ kg/mm² und $b_v = 6$ den Modul $m_3 = \sqrt[3]{6250 \cdot 204 \cdot 3/(6 \cdot 841 \cdot 28 \cdot 2)} \approx 2{,}4$ gewählt $m_3 = 2{,}5$. Die Nachrechnung auf Biegung ergibt bei $\gamma = 9{,}25$ und $k_b = 1700 \cdot 6/(6+5) = 925$ den Modul $m_3 = \sqrt[3]{640 \cdot 204 \cdot 9{,}25/(6 \cdot 29 \cdot 925)} \approx$ nur 2. Wie man ersieht, ist bei diesem schneller laufenden Rade die Walzenpressung bestimmend.

f) Abmessungen des Vorschubgetriebes. Für das Ritzel waren $z = 14$ und $m = 3$ gewählt. Die Ritzel werden so klein wie möglich ausgeführt, damit die Zwischenübersetzungen von Spindel zum Vorschubgetriebe nicht zu groß werden. Damit kommt man zu sehr hohen Belastungen, die aber hier zulässig sind, da die Ritzel außerordentlich langsam laufen. Der Geschwindigkeitsfaktor wird daher bei der Berechnung nicht berücksichtigt. Trotzdem auch hier Belastungsfall II vorliegt, wählt man $k_b \approx \sigma^I_{zul} \approx \sigma_F/1{,}4$, da die Höchstbelastung auch nur selten auftritt. Für $m = 3$, $P = 1000$ und $z = 14$ wird bei $b_v = 12$ schließlich $k_b = 32 \cdot 1000 \cdot 12{,}01/(12 \cdot 9 \approx) 3600$ kg/cm₂. Es muß demnach ein Werkstoff gewählt werden mit $\sigma_F \geq 1{,}4 \cdot 36 \geq 50$ kg/mm². Für die Schnecke wird gleichfalls ein Modul 3 gewählt. Auch bei dem Schneckentrieb wird die übliche Belastungszahl weit überschritten (um 100%). (Berechnung von Schnecken siehe Heft 87.) Für die Schneckenwelle ist dann das Moment nur noch $2100/33 = 64$ kgcm. Damit werden die Kräfte in den übrigen Getrieberädern sehr klein. Die Berechnung erfolgt wieder auf Biegungbeanspruchung bzw. Walzenpressung. Bauliche Gründe bestimmen dann die Wahl des Moduls; z. B. muß Rad 12 groß genug werden, damit es auf der Spindelhülse sitzen kann. Der Modul 2 wird selten unterschritten.

19. Beispiel. Es ist der Haupt- und Vorschubantrieb einer Drehbank zu berechnen (Spitzenhöhe 225 mm). Der Hauptantrieb soll mit 12 Drehzahlen und dem Stufensprung $\varphi = 1{,}4$ ausgeführt werden. Um die Maschine für verschiedene Werkstoffe gut ausnutzen zu können, soll der Drehzahlbereich der Bank durch Auswechseln zweier Räder leicht einstellbar sein auf

$$R_1 = 12\cdots500,\ R_2 = 16\cdots710,\ R_3 = 23\cdots1000,\ R_4 = 32\cdots1400,\ R_5 = 45\cdots2000.$$

Antrieb durch Motor oder über Keilriemen, daher Drehzahl der Antriebswelle $n_I = 1500$ U/min, unter Last abfallend auf $n \approx 1400$ U/min. Antriebshöchstleistung $N = 10$ PS.

Das Vorschubgetriebe soll alle genormten Gewindesteigungen von $0{,}5\cdots15$ mm und $2\cdots60$ Gänge je Zoll liefern. Leitspindelsteigung 12 mm. Für das Schneiden der Steilgewinde soll man diese Vorschübe um das 8fache vergrößern können.

Längsvorschübe im Bereich von $0{,}07\cdots2$ mm/U, Planvorschübe halb so groß.

Lösung. a) Aufbau des Hauptantriebes. 12stufige Getriebe werden am günstigsten aufgeteilt in $12 = 3 \times 2 \times 2$, also in ein 6stufiges Dreiwellengetriebe mit nachgeschalteten zwei Stufen. Diese Anordnung ergibt sich hier auch deshalb zwangsläufig, weil für den Steilvorschub, den man von einer Vorwelle abzunehmen pflegt (siehe Abschnitt 48), eine 8fache Vergrößerung des Normalvorschubes gefordert ist. Nun ist aber $\varphi_6 = 1{,}4^6 = 8$ der geforderte Übersetzungssprung, der mit dieser Anordnung zu erreichen ist. Für 6stufige Getriebe ist Abb. 58/1 die günstigste Anordnung. Das hintergeschaltete Zweistufengetriebe könnte auch als Vorgelege ausgeführt werden. Dann käme man aber zu einer Anhäufung von Rädern und Hülsen oder man müßte noch eine weitere Zwischenwelle anbringen. So wird daher die Anordnung nach Abb. 115 gewählt.

Welle I läuft mit der Antriebsdrehzahl. Dem Wechselgetriebe sind ein Wendegetriebe mit den Rädern 1—2 oder 3—4—5 wie auch die auswechselbaren Räder 6—7 vorgeschaltet. Auf Welle III sitzen fest die Räder 8—10—12, die Gegenräder 9—11—13 sind in einem Block schaltbar. Auf der Vielkeilwelle IV sitzt dann noch ein zweiter Block 14—16, dessen Gegenräder auf Welle V festsitzen. Mit diesem Getriebe können 6 Drehzahlen geschaltet werden, die dann durch die Schaltwege 22—23—24 und 18—19—20—21 verdoppelt werden. Vier Räder müssen hier vorgesehen werden, da ja der Übersetzungssprung $= 8$ ist. Aufbauplan und Aufbaunetz zeigen die notwendigen Übersetzungen. Daraus ergeben sich dann:

$$z_{12}/z_{13} = 1;\ z_{10}/z_{11} = 1/\varphi = 1/1,4;\ z_8/z_9 = 1/\varphi^2 = 1/2$$
$$z_{16}/z_{17} = 1;\ z_{14}/z_{15} = 1/\varphi^3 = 1/2,82$$
$$z_{22}/z_{24} = 1;\ (z_{18}/z_{19}) \cdot (z_{20}/z_{21}) = 1/\varphi^6 = (1/\varphi^2)\,(1/\varphi^4) = (1/2)\,(1/4).$$

Die gewählten Zähnezahlen sind aus der Tabelle 11 zu entnehmen. Mit ihnen sind dann die wirklich erreichten Drehzahlen nachzurechnen. Um hierbei auf die Normdrehzahlen zu kommen, muß man die Lastdrehzahl des Motors als Antriebsdrehzahl einsetzen. Die verschiedenen

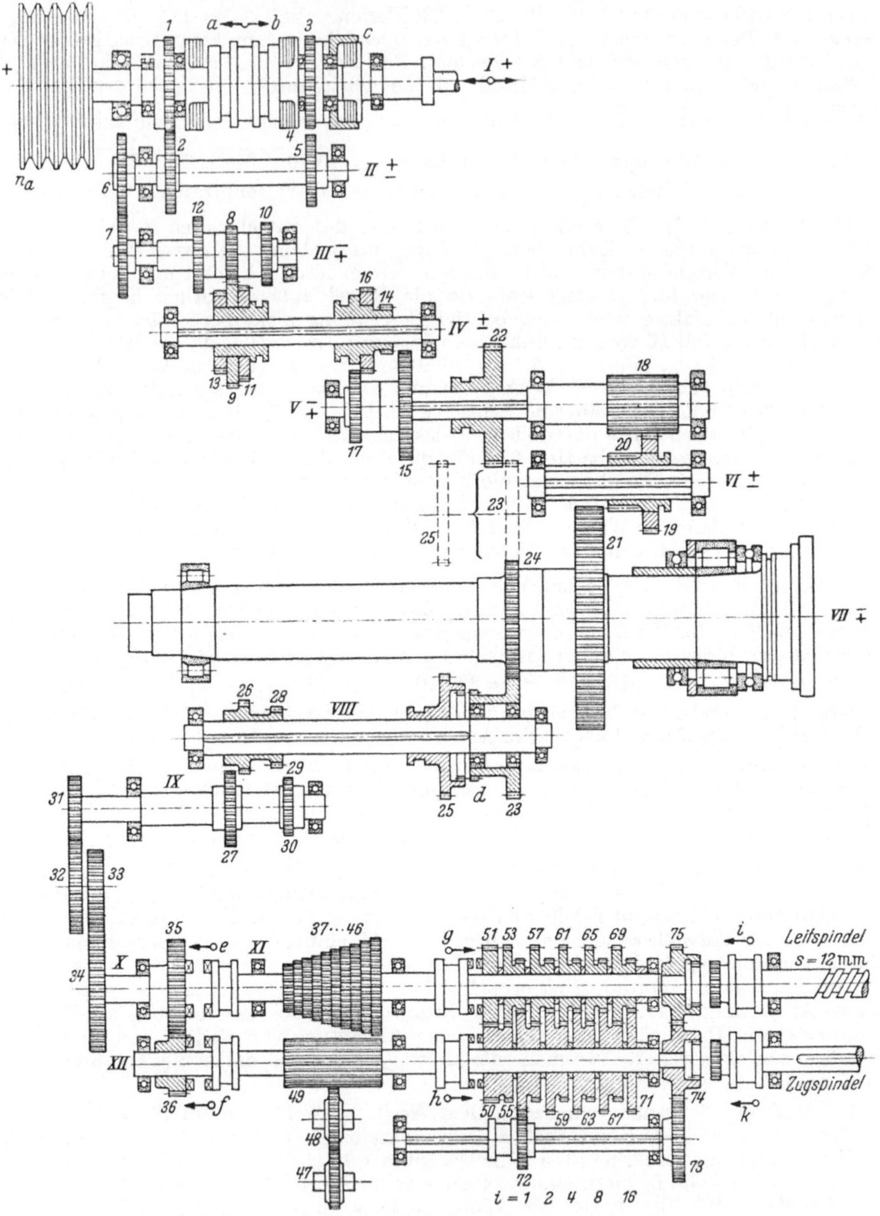

Abb. 115. Haupt- und Vorschubgetriebe einer Drehbank (Gustloff-Werke, Weimar).

Drehzahlbereiche erreicht man durch Umstecken oder Auswechseln der Räder 6 und 7. Es wird
für R_1: $z_6 = 25$, $z_7 = 71$; für R_2: $z_6 = 32$, $z_7 = 64$; für R_3: $z_6 = 40$, $z_7 = 56$;
für R_4: $z_6 = z_7 = 48$ und schließlich für R_5: $z_6 = 56$ und $z_7 = 40$.

b) **Aufbau und Drehzahlrechnung am Vorschubgetriebe.** Der Vorschub wird von der Spindel über die Vorwelle VIII abgenommen, die mit der gleichen Drehzahl läuft wie die Spindel, da $z_{23}/z_{24} = 1$ ist. Zahnkupplung d ist dann eingerückt. Bei Schnellvorschub treibt Rad 22 auf 25, Kupplung d ist ausgerückt. Welle VIII läuft dann mit der gleichen Drehzahl wie Welle V, also, wenn die Spindel über die Räder 18—19—20—21 getrieben wird, achtmal so schnell wie die Spindel. Das Wendeherz der älteren Drehbänke ist durch das Wendegetriebe mit Verschieberäder 26—27 und 28—29—30 ersetzt. Die Wechselräder 31—32—33—34 führen zum Vorschubwechselgetriebe. Für die Normsteigungen sind die Wechselräder mit dem Zähneverhältnis 2:3 aufgesteckt.

Der Antrieb der Zugspindel für den Längsvorschub geht dann von Welle X über Kupplung e, Welle XI, Nortongetriebe auf

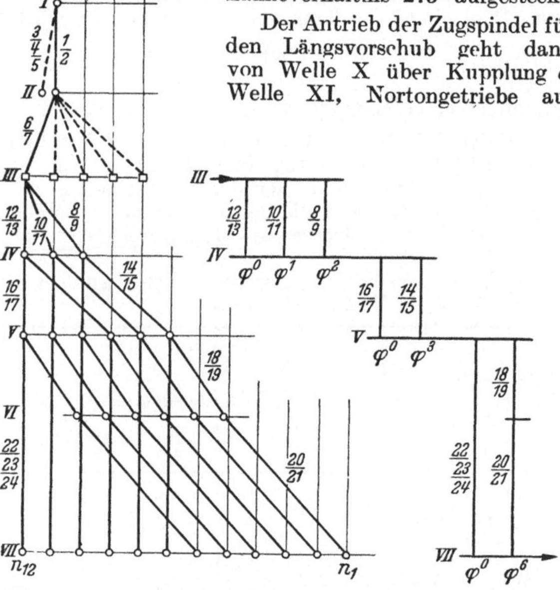

Abb. 117/118. Drehzahlbild und Aufbauplan für das Hauptgetriebe in Abb. 115.

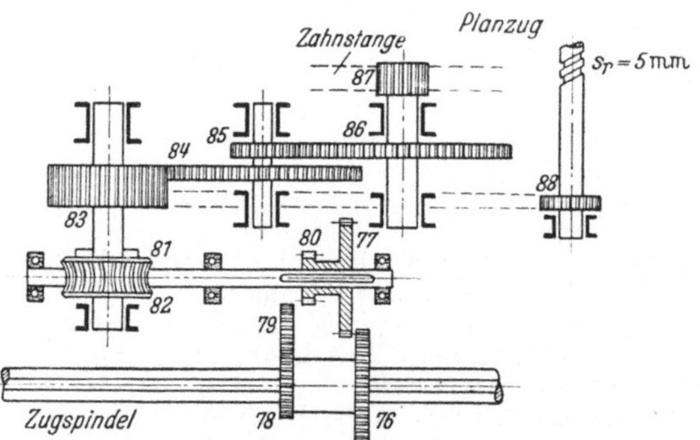

Abb. 116. Getriebe in der Schloßplatte.

Rad 49, über Kupplung h in das Vervielfältigungsgetriebe, dann Räder 72, 73, 74, Kupplung k, Zugspindel zu der Schloßplatte (Abb. 116). Hier über 76—77 oder 78—79—80

Tabelle 11.

Hauptgetriebe			
Räder	z	m	b_v
1,2	52	2	6
3	54	2	6
4	40	2	6
5	45	2	6
8	30	2	6
9	60	2	6
10	37	2	6
11	53	2	6
12, 13	45	2	6
14	19	2,5	8
15	53	2,5	8
16, 17	36	2,5	6
18	20	3	7
19	40	3	7
20	18	3,5	10
21	72	3,5	10
22, 23, 24	45	3	7
25	45	3	4

Tabelle 12.

Vorschubgetriebe			
Räder	z	m	b_v
26, 27	40	2	6
28, 30	35	2	6
35	92	1,05	20
36	57	1,05	20
37	32	1,5	7
38	36	1,5	7
39	38	1,5	7
40	40	1,5	7
41	42	1,5	7
42	44	1,5	7
43	48	1,5	7
44	52	1,5	7
45	56	1,5	7
46	60	1,5	7
49	32	1,5	7
50	61	1,29	15
51	60	1,29	15
52, 53, 56, 57 60, 61, 64 65, 68, 69	39	2	5,5
55, 59, 63 67, 71	52	2	5,5
54, 58, 62 66, 70, 72	26	2	5,5
73, 74, 75	39	2	7
76, 77	32	2	6
78, 80	28	2	6
81	2	2,5	7
82	30	2,5	7
83	48	2	6,5
84	75	2	6,5
85	28	2	6,5
86	77	2	6,5
87 ($d_o = 35$)	11	3	10
88	20	2	7,5

zur Schnecke 81, Schneckenrad 82, Räder 83—84—85—86, Ritzel 87 zur Zahnstange. Ritzel 87 ist korrigiert, so daß sein Teilkreisdurchmesser 35 mm wird und sein Umfang $35 \cdot \pi = 110$ mm. Vernachlässigt man die Übersetzungen mit $i = 1$, so wird das nicht einstellbare Zähneverhältnis (der „feste Weg") zwischen Spindel und Zahnstange

$$(2/3) \cdot (2/30) \cdot (48/75) \cdot (28/77) \cdot 110 = 256/225.$$

Der kleinste Längsvorschub mit den Rädern 37—49 im Nortongetriebe und dem vollen Gang durch das Vervielfältigungsgetriebe ($u = 1/16$) wird

$$s_{\min} = (256/225) \cdot (1/1) \cdot (1/16) = 0{,}07 \text{ mm/U.}$$

Der größte Vorschub mit Rädern 46—49 im Nortongetriebe und $u = 1$ im Vervielfältigungsgetriebe wird

$$s_{\max} = (256/225) \cdot (60/32) = 2{,}13 \text{ mm/U.}$$

Für den Planvorschub ist der Weg bis Rad 83 der gleiche wie bei dem Längsvorschub. Dann geht er jedoch von 83 auf 88 und auf die Planspindel mit 5 mm Steigung. Demnach wird der kleinste Planvorschub

$$s_{p'\min} = (2/3)\,(32/32)\,(1/16)\,(2/30)\,(48/20) \cdot 5 = 0{,}033$$

und der größte Planvorschub

$$s_{p\,\max} = (2/3)\,(60/32)\,(1/1)\,(2/30)\,(48/20) \cdot 5 = 1.$$

Mit den 10 Stufen des Nortongetriebes und den 5 Stufen des Vervielfältigungsgetriebes können demnach insgesamt je 50 Vorschübe für den Längs- und Planzug eingeschaltet werden. In der Tabelle 13 sind die Werte zum Teil ein wenig gerundet und nach der Normreihe R_a 20 mit $\varphi = 1{,}12$ ausgewählt. Damit wird gezeigt, daß man die durch die Gewindesteigungen bedingten Räderverhältnisse gut ausnutzen kann, um eine geometrisch gestufte Vorschubreihe zu erreichen.

Tabelle 13. Einstellbare Längs- und Planvorschübe, gerundet und ausgewählt nach Grundreihe R_a 20 (DIN 323, $\varphi = 1{,}12$).

Zähnezahlen der Räder im Nortongetriebe	Längsvorschübe Räderverhältnis im Vervielfältigungsgetriebe					Planvorschübe Räderverhältnis im Vervielfältigungsgetriebe				
	1	$\frac{1}{2}$	$\frac{1}{4}$	$\frac{1}{8}$	$\frac{1}{16}$	1	$\frac{1}{2}$	$\frac{1}{4}$	$\frac{1}{8}$	$\frac{1}{16}$
32/32	1,12	0,56	0,28	0,14	0,07	0,56	0,28	0,14		0,03
36/32	1,25	0,63	0,32	0,16	0,08				0,07	
38/32						0,63	0,32			
40/32	1,4	0,71	0,35	0,18	0,09			0,16	0,08	0,04
42/32						0,71	0,36			
44/32	1,6	0,8	0,4	0,2	0,1			0,18	0,09	
48/32						0,8	0,4	0,2	0,1	0,05
52/32	1,8	0,9	0,45	0,23	0,11	0,9	0,45	0,22		
56/32	2	1	0,5	0,25	0,12				0,11	
60/32						1	0,5	0,25	0,12	0,06

c) Berechnung der Steigungen. Der grundsätzliche Aufbau für ein Vorschubgetriebe, mit dem man verschiedene Steigungen für metrisches und Zollgewinde einstellen kann, war schon im Beispiel 15 gezeigt. Das Getriebe nach Abb. 115 ist nun noch weitergehend gestuft für den Antrieb der Leitspindel mit der genormten Steigung von 12 mm.

Beim Schneiden metrischer Gewinde geht der Antrieb der Leitspindel von Welle IX über 31—32—33—34, Welle X, Kupplung e, Nortongetriebe auf Rad 49, Kupplung h auf Rad 50 des Vervielfältigungsgetriebes, dann über Räder 73—74—75, Kupplung i auf die Leitspindel. Mit dem Zähneverhältnis der Wechselräder 2/3, ist das feste Verhältnis dieses Weges $(2/3) \cdot 12 = 8$. Die übrigen Vorschübe sind in der Tabelle 14 zusammengestellt.

Beim Schneiden der Zollgewinde geht der Antrieb von Welle IX über die Wechselräder auf Welle X, 35—36, Kupplung f auf Nortongetriebe von Rad 49 auf 37···46, Welle XI, Kupplung g über 51—50 in das Vervielfältigungsgetriebe, Räder 73—74—75, Kupplung i auf die Leitspindel. Das feste Verhältnis dieses Weges ist dann

$$(2/3)\,(92/57)\,(60/61) \cdot 12 = 12{,}7 = {}^1/_4{}'' \text{ oder 2 Gänge/}''$$

Aus der Aufstellung in der Tabelle 15 ergeben sich die übrigen Gangzahlen/'', die man mit dem Norton- und Vervielfältigungsgetriebe einstellen kann.

<table>
<tr><td colspan="6">Tabelle 14. Schalten der Steigungen für metrische Gewinde (mm).</td><td colspan="6">Tabelle 15. Schalten der Steigungen für Zoll-Gewinde (Gänge/'').</td></tr>
<tr><td rowspan="3">Zähnezahlen der Räder im Norton-getriebe</td><td colspan="5">Räderverhältnis im Vervielfältigungsgetriebe</td><td rowspan="3">Zähnezahlen der Räder im Norton-getriebe</td><td colspan="5">Räderverhältnis im Vervielfältigungsgetriebe</td></tr>
<tr><td>1</td><td>$\frac{1}{2}$</td><td>$\frac{1}{4}$</td><td>$\frac{1}{8}$</td><td>$\frac{1}{16}$</td><td>1</td><td>$\frac{1}{2}$</td><td>$\frac{1}{4}$</td><td>$\frac{1}{8}$</td><td>$\frac{1}{16}$</td></tr>
<tr><td>32/32</td><td>8</td><td>4</td><td>2</td><td>1</td><td>0,5</td><td>32/32</td><td>2</td><td>4</td><td>8</td><td>16</td><td>32</td></tr>
<tr><td>36/32</td><td>9</td><td>4,5</td><td>2,25</td><td>—</td><td>—</td><td>32/36</td><td>$2^1/_4$</td><td>$4^1/_2$</td><td>9</td><td>18</td><td>36</td></tr>
<tr><td>38/32</td><td>9,5</td><td>4,75</td><td>—</td><td>—</td><td>—</td><td>32/38</td><td>$2^3/_8$</td><td>$4^3/_4$</td><td>$9^1/_2$</td><td>19</td><td>38</td></tr>
<tr><td>40/32</td><td>10</td><td>5</td><td>2,5</td><td>1,25</td><td>—</td><td>32/40</td><td>$2^1/_2$</td><td>5</td><td>10</td><td>20</td><td>40</td></tr>
<tr><td>42/32</td><td>10,5</td><td>5,25</td><td>—</td><td>—</td><td>—</td><td>32/42</td><td>$2^5/_8$</td><td>$5^1/_4$</td><td>$10^1/_2$</td><td>21</td><td>42</td></tr>
<tr><td>44/32</td><td>11</td><td>5,5</td><td>2,75</td><td>—</td><td>—</td><td>32/44</td><td>$2^3/_4$</td><td>$5^1/_2$</td><td>11</td><td>22</td><td>44</td></tr>
<tr><td>48/32</td><td>12</td><td>6</td><td>3</td><td>1,5</td><td>0,75</td><td>32/48</td><td>3</td><td>6</td><td>12</td><td>24</td><td>48</td></tr>
<tr><td>52/32</td><td>13</td><td>6,5</td><td>3,25</td><td>—</td><td>—</td><td>32/52</td><td>$3^1/_4$</td><td>$6^1/_2$</td><td>13</td><td>26</td><td>52</td></tr>
<tr><td>56/32</td><td>14</td><td>7</td><td>3,5</td><td>1,75</td><td>—</td><td>32/56</td><td>$3^1/_2$</td><td>7</td><td>14</td><td>28</td><td>56</td></tr>
<tr><td>60/32</td><td>15</td><td>7,5</td><td>3,75</td><td>—</td><td>—</td><td>32/60</td><td>$3^3/_4$</td><td>$7^1/_2$</td><td>15</td><td>30</td><td>60</td></tr>
</table>

d) Leistungsverhältnisse im Hauptantrieb. Die Leistung der Drehbank wird bestimmt durch den Spanquerschnitt bzw. die Kraft an der Schneide, die man bei der höchsten Drehzahl noch erreichen kann. Da diese Bank nun mit verschiedenen Bereichen laufen soll, werden sich für die jeweils höchsten Drehzahlen auch verschiedene Momente an der Spindel ergeben. Mit der gegebenen Antriebsleistung von $N = 10\,\mathrm{PS}$ ergibt sich ein Antriebsdrehmoment $M_\mathrm{a} = 10 \cdot 71\,620/1420 \approx 500$ kgcm. Bei einem Gesamtwirkungsgrad des Getriebes von $\eta \approx 0{,}9$ entspricht diesem Antriebsdrehmoment bei der höchsten Drehzahl $n_{12} = 2000$ U/min ein Drehmoment an der Spindel $M_{2000} = 0{,}9 \cdot 500 \cdot 1420/2000 \approx 320$ kgcm. Demnach zieht die Maschine auch bei hohen Drehzahlen und Verwendung von Hartmetallen noch genügend durch. Für dieses Moment bei der hohen Drehzahl wird sich das Getriebe leicht bemessen lassen.

Legt man nun aber die gleiche Antriebsleistung auch für die niedrigste Drehzahl bei dem untersten Bereich R_1 zugrunde, so erhält man für $n_1 = 12$ ein Moment $M_{12} = 0{,}9 \cdot 500 \cdot 1420/12 \approx 53\,000$ kgcm. Ein derartig hohes Moment bedingt sehr große Abmessungen des Getriebes, die dann bei den hohen Drehzahlen gar nicht ausgenutzt werden. Die Verhältnisse liegen hier also ähnlich wie bei den Sonderdrehbänken für Hartmetallbearbeitung, Vielstahldrehbänken usf. (siehe Abschnitt 41), bei denen die hohen Antriebsleistungen nur für die schnellen Drehzahlen vorgesehen sind. Die Momente an der Spindel wachsen dann nicht umgekehrt proportional zur fallenden Drehzahl. Das hat den Vorteil, daß die Abmessungen des Getriebes kleiner werden und nicht mehr nach dem größten, theoretisch auftretendem Moment berechnet werden müssen.

Am gefährdetsten ist das Rad 20, das mit kleiner Zähnezahl und daher auch kleinem Durchmesser (Hebelarm) das große Moment übertragen muß. Da dieses Rad viermal so schnell läuft wie das Bodenrad 21, werden allerdings die auftretenden Momente auch nur ein Viertel der für Rad 21 berechneten. Für dieses Rad sollen nun die Verhältnisse rechnerisch nachgeprüft werden, da durch die Leistung von Rad 20 auch die Gesamtleistung des Getriebes begrenzt ist. In Abb. 119 sind die Momente für Rad 20 bei der Höchstleistung $N = 10$ PS in Abhängigkeit der bei den

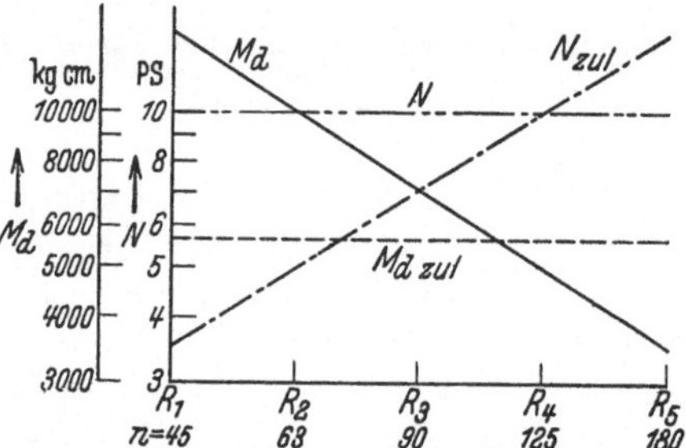

Abb. 119. Zulässige Leistungen und Drehmomente bezogen auf Rad 20 bei den verschiedenen Drehzahlbereichen.

verschiedenen Bereichen vorhandenen niedrigsten Drehzahlen des Rades 20 aufgetragen (Logarithmische Maßstäbe). Das zulässige Moment ist aber viel kleiner als die Höchstmomente. Es wird mit der Biegungsgleichung (34) berechnet zu

$$M_\mathrm{d\,zul} = \frac{b_\mathrm{v} \cdot z \cdot k_\mathrm{b} \cdot m^3}{640 \cdot w} = \frac{10 \cdot 18 \cdot 43}{650 \cdot 10{,}7} \approx 5700 \text{ kgcm}$$

wenn als Werkstoff ECMo 80, Tabelle 9 mit $k_\mathrm{b} = \sigma_\mathrm{F}/1{,}4 \approx 70/1{,}4 = 50$ kg/mm², der Modul mit $m = 3{,}5$ und $b_\mathrm{v} = 10$ angenommen wird. Die verschieden große Umfangsgeschwindigkeit des Rades braucht man bei dieser Rechnung nicht zu berücksichtigen, da v immer unter 1 m/s liegt. Aus dem zulässigen Moment $M_{d\,zul}$ kann die zulässige Leistung N_{zul} errechnet und auch in das Schaubild eingetragen werden. Schließlich kann man für diese Drehzahlen auch noch die Walzenpressung nachrechnen. Es zeigt sich — wie erwartet — daß die Pressung das Rad bei diesen niedrigen Drehzahlen nicht gefährdet.

Das Schaubild Abb. 119 zeigt nun, daß bei R_1, R_2, R_3 das erreichbare Moment größer ist, als das zulässige Moment. Oder, daß dementsprechend die zulässige Leistung bei diesen drei Bereichen für die langsame Drehzahl unter der vorhandenen liegt. Führt man diese Untersuchung für die 6 niedrigen Drehzahlen der Drehzahlbereiche durch und trägt die Ergebnisse wieder in ein Schaubild auf, so erhält man die Übersicht nach Abb. 120. Die Drehzahl n_4 kann noch bei allen Drehzahlbereichen mit voller Leistung gefahren werden. Bei R_1 fällt die Leistung für die unteren drei Drehzahlen ab, bei R_2 für die unteren zwei und bei R_3 schließlich nur für die unterste Drehzahl. Bei R_1 läuft n_1 nur mit $N_{zul} = 3{,}6$ PS, also mit 36% der vollen Leistnug. Es ist trotzdem nicht zu fürchten, daß das Rad 20 überbelastet wird, da auch die übrigen Abmessungen und Größenverhältnisse der Bank ein größeres Moment nicht zulassen. Nach der Richtwerttabelle 4 wird für mittlere Drehbänke eine Antriebsleistung $N \approx$ Spitzenhöhe/100 in kW vorgesehen, hier also $225/100 \approx 2{,}25$ kW $= 3$ PS. Bei dem Drehzahlbereich R_1 ist aber noch eine Leistung von 3,6 PS für die Drehzahl n_1 zulässig. Die Leistung ist demnach ausreichend und der scheinbare Nachteil der Minderleistung wird sich im Betrieb nicht auswirken, während neben den geringen Abmessungen der weitere Vorteil erreicht wird, für die verschiedenen Ausführungen der Bank ein einheitliches Getriebe zu bauen, also in größeren Reihe aufzulegen.

Verzichtet man bei den Drehzahlbereichen R_1, R_2, R_3 darauf, bei den oberen Drehzahlen mit voller Leistung fahren zu können, wie dies bei gewöhnlichen Drehbänken üblich ist, und soll im späteren Betriebe die Bank auch nicht als Schnelldrehbank benutzt werden, so besteht natürlich auch die Möglichkeit, die Maschine mit einem kleineren Motor etwa von 5 kW auszurüsten. Mit Rücksicht auf den elektrischen Wirkungsgrad ist dies sogar wünschenswert, da der kleinere Motor dann besser ausgenutzt wird, als der größere.

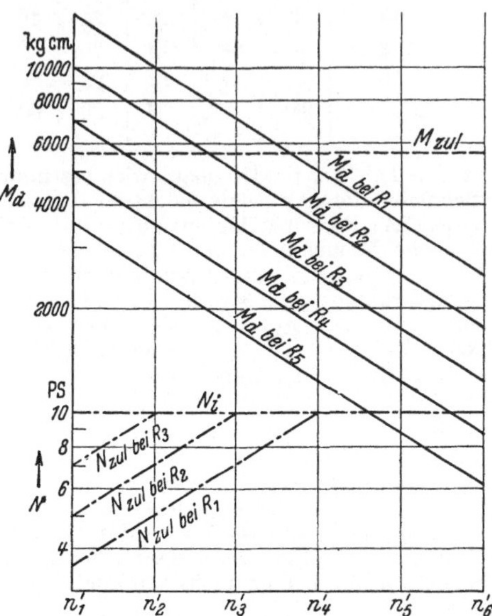

Abb. 120. Zulässige Leistungen und Drehmomente für die unteren 6 Drehzahlen bei den verschiedenen Drehzahlbereichen.

20. Beispiel. Es ist ein 12gängiges Getriebe nach der geometrischen Auswahlreihe gestuft mit $n_a = 600$, $n_1 = 40$ und $n_{12} = 1200$ zu entwerfen.

Lösung. Bei $n_{12} = 1200$ und $n_1 = 40$ wird $R_{Ma} = 30$. Für die geometrische Auswahlreihe ist aber $R_{Ma} = \varphi_1^{2g_1 + g_2 - 1}$. Wird die Gangzahl $g_1 = 8$ und die Gangzahl $g_2 = 4$ gewählt, so wird $\varphi_1^{8 + 8 - 1} = \varphi_1^{15} = 30$ und $\varphi_1 = \sqrt[15]{30} \approx 1{,}26$, demnach $\varphi_2 = \varphi_1 = 1{,}58$.

Bei der Wahl der Gangzahlen g_1 und g_2 ist auf das zu entwerfende Getriebe Rücksicht zu nehmen. Die Schwierigkeit beim Entwurf der Getriebe nach geometrischer Auswahlreihe liegt darin, einen Aufbau zu finden, bei dem ohne Sperrungen oder Überlagerungen eben nur die gewünschten Schaltungen vorgenommen werden können. Dies bedingt, daß der Sprung bei den Vervielfältigungsübersetzungen $= \varphi_2^a$ sein muß. Aus dieser Überlegung folgen für den vorliegenden Fall die Drehzahlbilder nach Abb. 121 und 122. In Abb. 121 ist z. B. $a = 1$, d. h.

$$\frac{z_{11}}{z_{12}} : \frac{z_{13}}{z_{14}} = \varphi_2^1 \text{ und vorher } a = 2, \text{ da } \frac{z_7}{z_8} : \frac{z_9}{z_{10}} = \varphi_2^2. \text{ In Abb. 122 ist umgekehrt } \frac{z_{11}}{z_{12}} : \frac{z_{13}}{z_{14}} = \varphi_2^2$$

und $\dfrac{z_7}{z_8} : \dfrac{z_9}{z_{10}} = \varphi_2^1$. Bei der gegebenen Aufgabe läßt sich, wenn $\dfrac{z_{11}}{z_{12}} = \dfrac{z_7}{z_8} = 1$, erreichen, daß das größte Räderverhältnis bei (z_5/z_6) gerade $(1/4)$ und $z_1/z_2 \approx 2$ wird. Die übrigen Übersetzungen folgen aus den Drehzahlbildern, von denen Abb. 122 für die Ausführung etwas günstiger erscheint. Auf die Berechnung der Zähnezahlen wird hier verzichtet. Der genaue Bereich wird nun bei $n_1 = 37{,}5$ und $n_{12} = 1180$ (Normreihe) $R_{Ma} = 1{,}26^{15} = 32$. Wäre das Getriebe als gewöhnliches 12stufiges Getriebe mit $\varphi = 1{,}26$ ausgeführt, so ergäbe sich nur ein Bereich $R_{Ma} = \varphi^{11} = 12{,}7$! Der Aufbau eines richtig gewählten Getriebes ist bei der geometrischen Auswahlreihe keineswegs verwickelter als bei Getrieben nach der geometrischen Reihe. Auch die Zahl der Räder ist mit 14 nicht größer als bei anderen 12stufigen Getrieben.

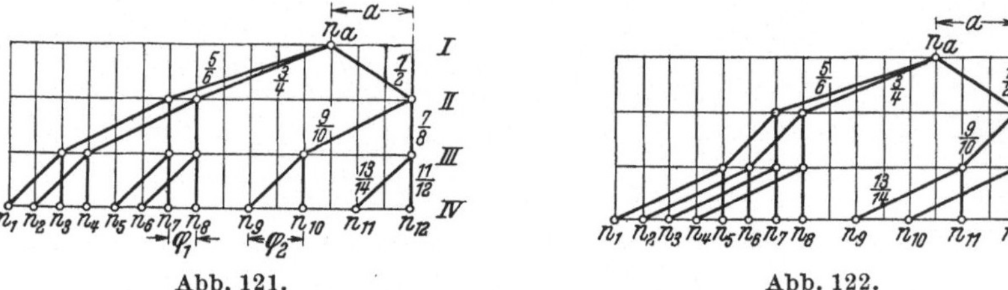

Abb. 121.   Abb. 122.

Abb. 121 u. 122. Drehzahlbilder für ein IV/12 Getriebe, gestuft nach geometrischer Auswahlreihe.

21. Beispiel. Es soll ein 9stufiges doppelt gebundenes Dreiwellengetriebe berechnet werden. $\varphi = 1{,}26$; $n_a = 1200$; $n_9 = 800$.

Lösung. Man untersucht zunächst die Ausführbarkeit nach (31). Es wird

$$a = \frac{800}{1200} = \frac{1}{1{,}5} \quad \text{und} \quad a \geq 2\,\frac{1{,}59 - 1}{2 + 5{,}05 - 5} \geq \frac{1}{1{,}73}; \quad a \leq 2 \cdot 2\,\frac{1{,}59 - 2}{3 \cdot 2 - 1{,}59 - 2} \leq \frac{1}{1{,}02}$$

Die Bedingungen sind demnach erfüllt. Würde nun das Aufbaunetz nach Abb. 65 zugrunde gelegt, so müßte in (30) für a die Antriebsziffer des Rumpfgetriebes a_R eingesetzt werden. Es wäre

$$a_R = \frac{n_6}{n_a} = \frac{n^9 \cdot \dfrac{1}{\varphi^3}}{n_a} = \frac{800}{1200 \cdot 2} = \frac{1}{3}\,.$$

$a_R = 1/3$ würde den obigen Bedingungen nicht entsprechen, also muß die Ausführung nach Aufbaunetz Abb. 64 gewählt werden, in der $a_R = a$. Dann wird nach (44)

$$\frac{z_1}{z_2} = 1{,}26\,(1{,}26 + 1) - \frac{1}{1{,}5 \cdot 1{,}59} \cdot \frac{2 - 1}{1{,}26 - 1} = \frac{1{,}23}{1}\,.$$

Die übrigen Übersetzungen errechnen sich dann nach den Ansatzgleichungen:

$$\frac{z_4}{z_5} = \frac{1}{\varphi^3} \cdot \frac{z_1}{z_2} = \frac{1}{2} \cdot \frac{1{,}23}{1} = \frac{1}{1{,}63}; \qquad \frac{z_5}{z_6} = a\,\frac{z_2}{z_1} = \frac{1}{1{,}5} \cdot \frac{1}{1{,}23} = \frac{1}{1{,}85};$$

$$\frac{z_2}{z_3} = \frac{1}{\varphi^2} \cdot \frac{z_5}{z_6} = \frac{1}{1{,}59} \cdot \frac{1}{1{,}85} = \frac{1}{2{,}94}; \qquad \frac{z_7}{z_8} = \frac{1}{\varphi^3} \cdot \frac{z_4}{z_5} = \frac{1}{2} \cdot \frac{1}{1{,}63} = \frac{1}{3{,}26};$$

$$\frac{z_9}{z_{10}} = \frac{1}{\varphi} \cdot \frac{z_5}{z_6} = \frac{1}{1{,}26} \cdot \frac{1}{1{,}85} = \frac{1}{2{,}33}\,.$$

Für die Bestimmung der Zähnezahlen ist die größte Übersetzung zwischen Welle I und II zu suchen, hier z_7/z_8, und für das kleinere Rad — hier z_7 — eine Zähnezahl zu wählen. (Bei dieser Wahl ist zu beachten, daß das ganze Getriebe mit dem gleichen Modul ausgeführt wird. Es muß die Zähnezahl des kleinsten Rades möglichst gering bestimmt werden, da die getriebenen Räder der Welle II gleichzeitig auch wieder treibende Räder der Wellen II und III werden. Dadurch werden die Zahnsummen leicht reichlich groß.) Gewählt wird $z_7 = 19$. Es errechnet sich nun z_8 aus $z_8 = 3{,}26\,z_7 = 3{,}26 \cdot 19 \approx 62$. Also Zahnsumme $S_1 = 19 + 62 = 81$. Damit können die Räder des ersten Grundgetriebes berechnet werden (nebenstehend). Bei dem zweiten Getriebe ist man nunmehr gebunden, und aus $z_2/z_3 = 1/2{,}94$ folgt nun $z_3 = 2{,}94 \cdot 36 \approx 106$. Mithin wird für das zweite Getriebe $S_2 = 106 + 36 = 142$. Aus $z_5/z_6 = 1/1{,}85$ folgt $z_6 = 50 \cdot 1{,}85 \approx 92$. Probe: $z_5 + z_6 = 50 + 92 = 142$. Bei den Rädern z_9 und z_{10} ist man nun gebunden durch die Gleichungen $z_9/z_{10} = 1/2{,}33$ und $z_9 + z_{10} = 142$. Es wird $z_{10} = 2{,}33$. z_9 und $3{,}33 \cdot z_9 = 142$; $z_9 \approx 43$; $z_{10} = 142 - 43 = 99$.

$\dfrac{z_1}{z_2}$	$\dfrac{z_4}{z_5}$	$\dfrac{z_7}{z_8}$
$\dfrac{1{,}23}{1}$	$\dfrac{1}{1{,}63}$	$\dfrac{1}{3{,}26}$
2,23	2,63	4,26
81		
36	31	19
45	31	19
36	50	62

II. Spangebende Formung (Fortsetzung)   Heft

III. Spanlose Formung .

IV. Schweißen, Löten, Gießerei

(Fortsetzung 4. Umschlagseite)